手機應用
程式設計
超簡單

# App Inventor 2

中文介面

## 專題特訓班 第二版

ABOUT eHappy STUDIO

# 關於文淵閣工作室

常常聽到很多讀者跟我們說：我就是看您們的書學會用電腦的。是的！這就是我們寫書的出發點和原動力，想讓每個讀者都能看我們的書跟上軟體的腳步，讓軟體不只是軟體，而是提昇個人效率的工具。

文淵閣工作室是一個致力於資訊圖書創作二十餘載的工作團隊，擅長用循序漸進、圖文並茂的寫法，介紹難懂的 IT 技術，並以範例帶領讀者學習程式開發的大小事。我們不賣弄深奧的專有名辭，奮力堅持吸收新知的態度，誠懇地與讀者分享在學習路上的點點滴滴，讓軟體成為每個人改善生活應用、提昇工作效率的工具。舉凡應用軟體、網頁互動、雲端運算、程式語法、App開發，都是我們專注的重點，衷心期待能盡我們的心力，幫助每一位讀者燃燒心中的小宇宙，用學習的成果在自己的領域裡發光發熱！我們期待自己能在每一本創作中注入快快樂樂的心情來分享， 也期待讀者能在這樣的氛圍下快快樂樂的學習。

## 文淵閣工作室讀者服務資訊

如果您在閱讀本書時有任何的問題或是許多的心得要一起討論共享，歡迎光臨文淵閣工作室網站，或者使用電子郵件與我們聯絡。

文淵閣工作室網站 **http://www.e-happy.com.tw**

服務電子信箱 **e-happy@e-happy.com.tw**

Facebook粉絲團 **http://www.facebook.com/ehappytw**

| | | | |
|---|---|---|---|
| 總 監 製 / 鄧文淵 | | 責任編輯 / 邱文諒・鄭挺穗・黃信溢 | |
| 監 督 / 李淑玲 | | 執行編輯 / 邱文諒・鄭挺穗・黃信溢 | |
| 行銷企劃 / David・Cynthia | | 企劃編輯 / 黃信溢 | |

# 手機應用程式設計(APP開發)最佳學習地圖

用拼圖的方式，就可以建立邏輯觀念、實務開發 APP！

延伸至 Android 原生程式，就可以進階專業手機程式設計。

跟著規劃的軌跡，就有開發 APP 的實力，完整學習，功力加倍更升級！

# PREFACE

# 前言

專題的開發，本來就不是一件輕鬆的事。每一個專題的產生，都是是為了要解決問題，或是滿足需求。在程式設計學習的過程中，對於專題的開發是最容易有成就感，也最容易有挫折感的。因為處理專題的內容，要面對的不是單純的範例，也不是單一的試題，每個環節裡可能都有一連串的困難等待處理與解決。所以專題的開發過程就是創意的激發、產品的規劃、責任的分工與問題的解決，對所有參與的人來說，無疑是一次全面的考驗，也是讓自己能力提升最好的途徑。

在「App Inventor 2 零基礎入門班」、「App Inventor 2 初學特訓班」問市後，獲得許多讀者的熱烈反應。我們也舉行了相關研討會與教學的老師們進行互動，得到許多珍貴的意見與回饋，其中對於使用 App Inventor 2 進行各種不同專題開發，是許多人都十分關心的話題。因為 App Inventor 2 程式的特性，對於進入 App 開發領域雖然簡單，但是想要進一步製作出具規模且實用的專題，可能就是一個挑戰。我們在每一次研習分享或與讀者互動後，都會產生的許多的創意與不同的方向，更燃起想要繼續開發出更有趣、更具創意作品的火花，讓我們對於專題的發想更加五花八門。

在「App Inventor 2 專題特訓班」一書中，除了延續前一版的精彩專題內容，並將所有界面更改為繁體中文。我們嘗試以不同功能訴求的專題為寫作核心，進行不同方向 App 的開發與實作。豐富的內容包含許多有趣的嘗試，而且大部分都是生活化的專題作品。我們想要在這些作品中突顯行動裝置的特性，充份發揮 App 的魅力。所以您可以看到很多 App Inventor 在感測器、網路雲端、GPS、藍牙、資料庫 (包含了 Firebase、FusitonTable、TinyDB、TinyWebDB、公開資料、xml、csv 與 json )、NFC 以及 Arduino 物聯網等話題上的應用與討論，讓您能對 App Inventor 2 更加深入了解。

我們很期待能與您一起分享這些日子以來的成果，也希望能在其中觸發您對於專題開發的靈感與動力！

文淵閣工作室

# 學習資源說明

為了確保您使用本書學習的完整效果，並能快速練習或觀看範例效果，本書在光碟中提供了許多相關的學習配套供讀者練習與參考。

## 光碟內容

1. **本書範例**：將各章範例的完成檔依章節名稱放置各資料夾中。

2. **教學影片**：特別錄製「全新元件影音教學」影片，請進入資料夾後開啟 <start. htm> 進行瀏覽，再依連結開啟單元進行學習。

3. **附錄文件**：本書特別將具有參考價值的資料整理成附錄，以 PDF 文件檔放置在書附光碟中，可依照需求進行參考。

   (1) 附錄 C - App Inventor 2 環境建置說明.pdf

   (2) 附錄 D - App Inventor 2 單機版與伺服器架設.pdf。

   (3) 附錄 E - 多頁面及多應用程式呼叫執行專題開發.pdf

## 專屬網站資源

為了加強讀者服務，並持續更新書上相關的資訊的內容，我們特地提供了本系列叢書的相關網站資源，您可以由我們的文章列表中取得書本中的勘誤、更新或相關資訊消息，更歡迎您加入我們的粉絲團，讓所有資訊一次到位不漏接。

**藏經閣專欄**　http://blog.e-happy.com.tw/?tag=程式特訓班

**程式特訓班粉絲團**　https://www.facebook.com/eHappyTT

## 注意事項

本光碟內容是提供給讀者自我練習以及學校補教機構於教學時練習之用，版權分屬於文淵閣工作室與提供原始程式檔案的各公司所有，請勿複製本光碟做其他用途。

CONTENTS

# 本書目錄

**Chapter**

# 03

# 機車駕照模擬考 App

經由機車駕照模擬考 App 讀取資料庫中的題庫，使用者可以隨時透過手機連網進行線上學習與模擬考試，在按部就班的引導中，輕鬆熟悉筆試題目。

## Chapter 04

# 雲端賓果遊戲 App

雲端賓果 App 善用 App Inventor 的資料庫元件,讓參與遊戲者進行對戰,在賓果達成的瞬間也會立即判斷勝負。

## Chapter 05

# 臺北市旅館查詢 App

臺北市旅館查詢 App,使用臺北市政府開放資料平台的資料建立旅館查詢應用程式,提供旅客安全的旅館住宿資料,並且將地址資料連結 Google Maps 地圖。

**Chapter 06**

# 經典小蜜蜂 App

小蜜蜂是許多人都十分熟悉的遊戲，在經典小蜜蜂 App 中，外星太空船隊的炸彈速度會隨時間增快，更增添遊戲張力。

**Chapter 07**

# 藍牙猜拳對戰 App

行動裝置普遍都擁有藍牙的功能，藍牙猜拳對戰 App 是以最簡單的猜拳遊戲，結合藍牙的連線和通訊，讓兩台行動裝置進行遊戲。

## Chapter 08

# 水果貪食蛇 App

水果貪食蛇 App 利用遊戲中的貪食蛇吃水果來增加蛇身的長度，並且增加分數，遊戲者最高得分前 10 名，將會記錄至排行榜內，成為所有玩家的典範。

## Appendix A

# Arduino互動控制 App

App Inventor 2 可以透過藍牙通訊與 Arduino 的藍牙模組進行溝通，達到自動控制的功能。

## Appendix B

# NFC 應用

NFC 能讓電子設備在十餘公分的距離內，以非接觸方式進行點對點的資料傳輸。

# 健康計步器 App

健康計步器是以使用者走路產生的震動來計算步數，所以必須很精準的偵測震動，而且每個使用者的震動程度不盡相同，本專題設計 10 種不同靈敏度，如果預設的靈敏度不準確，使用者可自行調整。

本專題提供累積同一天走路步數功能，作為使用者判斷參考。「歷史資料」功能則會記錄 60 天步行資料，提供自我健康管理的參考。

# 1.1 專題介紹：健康計步器

現代人最重視的事莫過於擁有健康的身體，而以步行增進健康是大多數健康專家推薦的方式，因為不需學習，也不太受場地限制，即使天氣不佳也可以在室內實施，若能於大自然中行走，一方面消耗熱量，一方面欣賞天然美景，對健康助益更大。坊間有販售各式計步器，如果手機能設計計步器應用程式，不但可節省購買計步器的費用，而且可隨時隨地使用，不必擔心忘記攜帶計步器，一舉兩得。

智慧型手機內建加速度感測器 (AccelerometerSensor) 元件，步行時人體會自然產生震動，加速度感測器中 X、Y、Z 軸的加速度值會改變，利用此變化值即可偵測使用者的行走步數。

為因應每個人不同的步行習慣，本專題設計 10 種不同靈敏度，如果預設的靈敏度不準確，使用者可自行調整應用程式的靈敏度數值，靈敏度數值越大，表示靈敏度越高，得到的步行數字會增加。

本專題提供累積同一天走路步數功能，作為使用者判斷參考。「歷史資料」功能則會記錄六十天步行資料。

## 1.2 專題重要技巧

由於加速度感測器的靈敏度非常高（一秒鐘會感應近百次），要控制加速度感測器非常困難，本專題是每隔指定時間才讀取加速度感測器的值。

計步器會累計同一天中所有步行資料，記錄資料是以「天」為單位，因此必須擷取系統時間的日期資料加以比對。

### 1.2.1 擷取日期字串

本專題記錄步行資料是以「天」為單位，同一天中所有步行資料會累計，讓使用者判斷一天的步行量是否足夠。當使用者按 **停止** 鈕時，必須擷取目前系統日期與資料庫比對，若此日期不存在，就在資料庫中新增一筆資料；若此日期已存在，就要用資料庫中該筆資料的步行數加上本次的步行數。

要擷取系統日期，可在程式開始執行就以 **計時器** 元件的 **求目前時間** 方法取得，此方法的傳回值包含系統日期及時間。例如下面拼塊是將取得的系統日期及時間存於 time 變數中。

為了避免日期比對錯誤，本專題統一日期格式：月份及日數都使用兩位數表示。例如 2014 年 5 月 2 日的表示法為「20140502」，而月份及日數可能是一位數或兩位數，因此先撰寫 twoDigits 程序將數值轉換為兩位數。

**1** 傳入的參數 num：參數是一位數或二位數的整數。

**2** 建立區域變數 ret 做為傳回值。

**3** 如果傳入的參數是一位數 ( 小於 10)，就在數字前面加上「0」使其成為二位數；若參數不小於 10 ( 二位數 )，就保持原有數值。

**4** 處理完後將區域變數 ret 傳回。

最後用 **計時器** 元件的 **求年份**、**求月份** 及 **求日期** 方法取得年、月、日。

**1** **計時器** 元件的 **求年份** 方法可取得西元年份，因為目前西元年份必定是四位數，故不需轉換。

**2** **計時器** 元件的 **求月份** 方法可取得月份，月份可能是一位數或二位數，故需先以 twoDigits 程序轉換為二位數。

**3** 同理，以 **計時器** 元件的 **求日期** 方法可取得日數，以 twoDigits 程序轉換為二位數。

## 1.2.2 調整字串顯示寬度

本專題是以表列方式顯示步行資料，但 App Inventor 2 未提供表格方面的元件，必須自行處理顯示的資料格式。前一小節已將日期調整為 8 個字元長度，而行走步數則視狀況會有一至五位數 ( 應不會有人日行超過十萬步 )，必須將行調整為為固定 5 個字元，顯示時才能整齊排列。

調整字元顯示寬度的原理是在數字左方加入空白字元，經過實測結果，發現 1 個數字顯示寬度大約等於 2 個空白字元顯示寬度，所以若是 4 位數，就在左方加 2 個空白字元；若是 3 位數，就在左方加 4 個空白字元；依此類推。

調整數字為 5 個字元的自訂程序 fiveNum 拼塊為：

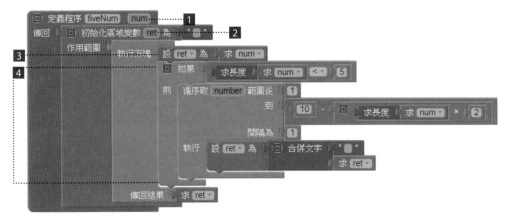

1 傳入的參數 num：參數是 1 位數到 5 位數的整數。

2 建立區域變數 ret 做為傳回值。

3 先設定傳回值 ret 為原始數值 num。

4 如果傳入的參數小於 5 位數，就在數字前面加上「10 - 位數乘以 2」個空白字元：

例如原數是 4 位數，就加入「10-4x2=2」個空白字元，原數是 3 位數，就加入「10-3x2=4」個空白字元，依此類推。

## 1.2.3 降低加速度感測器靈敏度

加速度感測器的靈敏度非常高，使用加速度感測器來偵測震動數變得非常困難，為降低加速度感測器靈敏度，可以每隔指定時間才讀取加速度感測器的值，這樣就可藉由指定時間的長短來精確控制加速度感測器的靈敏度。

降低加速度感測器靈敏度的拼塊為：

**1** **計時器** 元件的 **求系統時間** 方法可取得目前系統時間，與 **求目前時間** 方法不同的是：**求目前時間** 方法包含年、月、日等資訊，藉由 **求年份**、**求月份** 等可分別得到年、月等數值，而 **求系統時間** 方法則傳回以「毫秒」為單位的整數值。如果要計算時間差，只要將兩個 **求系統時間** 方法的傳回值相減即可。

timeStart 變數儲存開始偵測加速度感測器的時間，例如步行器中是使用者按下 **開始** 鈕，應用程式就開始計算行走步數。

**2** 當加速度感測器數值改變時，以 timeEnd 變數儲存感測器改變的時間。

**3** timeInterval 變數設定加速度感測器的靈敏度，單位是「毫秒」，timeInterval 的數值越大，加速度感測器的靈敏度越低。

當時間間隔大於 timeInterval 的值，才執行拼塊 **4** 及 **5**，否則就不執行任何程式拼塊。

**4** 要執行的程式拼塊置於此處。

**5** 重新計時。

### ▶範例：加速度感測器靈敏度

本範例偵測加速度感測器的 **X 分量** 傳回值，若此值大於 2 就累計偵測到的次數。使用者將手機右方舉高時，上方是原始感測器的次數，下方是每隔 0.2 秒 (200 毫秒 ) 偵測一次的次數。(<ex_Accelero.aia>)

 **必須使用實機執行**

因本範例使用感測器功能,必須在行動裝置上執行。

## » 介面配置

三個不可見元件的用途:

- AccelerometerSource:偵測原始靈敏度的加速度感測器。
- AccelerometerModify:偵測降低靈敏度的加速度感測器。
- Clock1:取得系統時間的 **計時器** 元件。

## » 程式拼塊

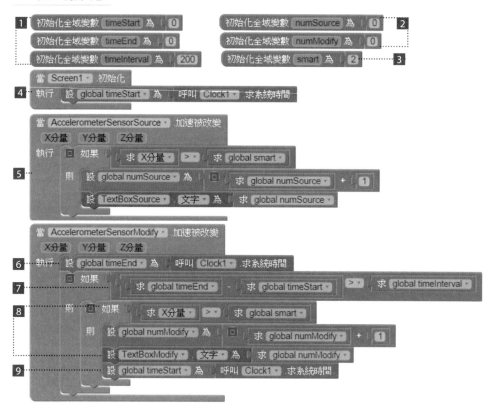

**1** 變數宣告：timeStart 記錄開始計時的時間，timeEnd 記錄加速度感測器產生變化的時間，timeInterval 設定時間間隔。

**2** 變數宣告：numSource 記錄原始加速度感測器的震動次數，numModify 記錄降低靈敏度的加速度感測器震動次數。

**3** 變數 smart 設定 **X 分量** 大於此值才算震動。

**4** 程式開始時取得系統時間並存於 timeStart 變數中。

**5** 原始加速度感測器：如果 **X 分量** 的值大於 smart 變數值就將震動次數加 1，並且顯示出來。

**6** 拼塊 **6** 到 **9** 是降低靈敏度的加速度感測器：拼塊 **6** 記錄系統時間存於 timeEnd 變數中。

**7** 若時間差大於 timeInterval 變數值（此處為 200，表示 0.2 秒），才執行拼塊 **8** 及 **9**。

8 與拼塊 5 相同：如果 **X 分量** 的值大於 smart 變數值就將震動次數加 1，並且顯示出來。

9 重新開始計時。

觀察執行結果，降低靈敏度的加速度感測器改變次數，遠比原始加速度感測器的數值低，調整 timeInterval 變數值就可調整感測器變化的數值，如此就可精確控制靈敏度。

# 1.3 專題實作：健康計步器

加速度感測器多用於遊戲中控制遊戲角色的移動，也可用來測量行動裝置的震動狀況。App Inventor 2 貼心的提供了 **晃動** 方法來偵測行動裝置的震動，但 **晃動** 方法無法判別震動的大小程度，不能用於計步器。健康計步器是以使用者走路產生的震動來計算步數，所以必須很精準的偵測震動，而且每個使用者的震動程度不盡相同，最好還要提供使用者能手動微調的功能。

## 1.3.1 專題發想

最近在報紙上看到一則報導：「根據臨床研究，每日步行數達八千步者，其罹患高血壓的機率降低 80%。」現在人手一支智慧型手機，如果能擁有一個可以計算步行數的應用程式，就可以隨時隨地記錄走路的步行數。

研究報告指出，最好一天能行走八千步，配合此一需求，應用程式要設計成可以累計同一天行走的步數，讓使用者查看數據就能知道當天是否達到預定目標。本專題最多可保留 60 天步行次數的記錄。

## 1.3.2 專題總覽

執行程式後，按 **開始** 鈕就啟動計步器，走路過程中若要休息可按 **暫停** 鈕，不但停止計算步數，同時停止計時，**暫停** 鈕也會變為 **繼續** 鈕。休息結束要恢復走路，可按 **繼續** 鈕繼續計算步數，直到步行結束時按 **停止** 鈕結束計步。

專題路徑：<mypro_StepCount.aia>。

停止計步後，系統會立刻累計今天行走的步數，結果顯示於下方，並同時寫入資料庫。按 **查看歷史資料** 鈕，可查看 60 天內的資料記錄。如果資料量超過 60 天，會先移除最舊的一筆資料再寫入當日資料。

按 **回主頁面** 鈕返回主頁面。靈敏度分為 1 到 10 級，預設為 5，如果測得的步行數較實際步數多，可降低靈敏度；反之，若測得的步行數較實際步數少，可提高靈敏度。在主頁面中按 **靈敏度設定** 鈕，再點選靈敏度級數就完成設定。

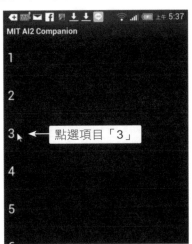 

按 **結束程式** 鈕會彈出確認結束應用程式對話方塊，按 **確定結束** 鈕就關閉程式，按 **取消** 鈕則回到主頁面。若按行動裝置上的 **返回** 鍵（「<」），也會彈出確認結束應用程式對話方塊，作用與按 **結束程式** 鈕相同，是快速關閉程式的方法。

 **需以 apk 檔安裝後執行**

本專題使用 **微資料庫** 儲存應用程式資料,也大量使用加速度感測器,所以要在安裝 **apk** 檔的行動裝置上執行。

### 1.3.3 介面配置

本專題共有三個頁面:主頁面、歷史資料頁面及使用說明頁面,設計時是把這三個頁面都置於同一個 Screen 元件中,而將同一個頁面的元件都放在一個 **垂直布局** 元件內,要顯示某一個頁面時,就設定該頁面 **垂直布局** 元件的 **顯示狀態** 屬性為 true,再設定其他頁面 **垂直布局** 元件的 **顯示狀態** 屬性為 false,就達成顯示指定頁面的功能。

## 主頁面

主頁面的所有元件都位於 VerArrPageHome 元件內。

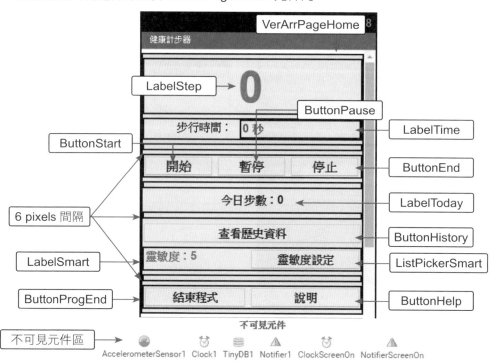

為了增加美觀，本頁面加了三個高度為 6 像素 的間隔，其做法是使用 **水平布局** 元件，設定其寬度為 **填滿**，高度為 6 像素。

## 歷史資料頁面

歷史資料頁面的所有元件都位於 VerArrPageShow 元件內，包含一個顯示歷史資料的 **標籤** 元件及一個關閉頁面的按鈕。

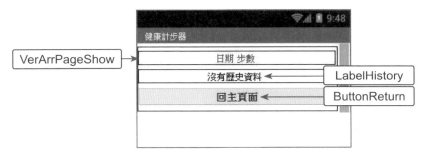

顯示歷史資料的 **標籤** 元件第一次執行時，尚未建立任何步行資料，因此預設其值為「沒有歷史資料」。

## 使用說明頁面

使用說明頁面的所有元件都位於 VerArrHelp 元件內。

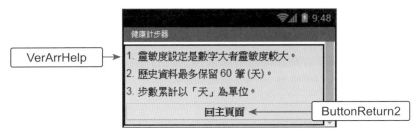

使用說明頁面由 3 個 **標籤** 元件及一個 **按鈕** 元件組成，每個 **標籤** 元件建立一項使用說明。

## 使用元件及其重要屬性

| 名稱 | 屬性 | 說明 |
|---|---|---|
| ButtonStart | **字元尺寸**:20, **粗體**：核選 | 開始計步按鈕。 |
| ButtonPause | **字元尺寸**:20, **粗體**：核選 | 暫停計步按鈕。 |
| ButtonEnd | **字元尺寸**:20, **粗體**：核選 | 結束計步按鈕。 |
| ButtonProgEnd | **字元尺寸**:18, **粗體**：核選 | 結束應用程式按鈕。 |
| ButtonHelp | **字元尺寸**:18, **粗體**：核選 | 切換到使用說明頁面按鈕。 |
| ButtonReturn | **字元尺寸**:18, **粗體**：核選 | 由歷史資料頁面返回主頁面按鈕。 |
| ButtonReturn2 | **字元尺寸**:18, **粗體**：核選 | 由使用說明頁面返回主頁面按鈕。 |
| LabelStep | **字元尺寸**:70, **粗體**：核選<br>**文字顏色**：紅色 | 顯示步行數。 |
| LabelTime | **字元尺寸**:18, **粗體**：核選<br>**文字顏色**：藍色 | 顯示步行時間。 |
| LabelToday | **字元尺寸**:18, **粗體**：核選 | 顯示步行數及消耗熱量。 |
| LabelSmart | **字元尺寸**:18, **粗體**：核選<br>**文字顏色**：洋紅 | 顯示靈敏度等級。 |
| ListPickerSmart | **元素字串**:1,2,3,4,5,6,7,8,9,10 | 靈敏度等級選單。 |
| VerArrPageHome | **寬度**：填滿, **高度**：自動 | 主頁面容器。 |
| VerArrPageShow | **寬度**：填滿, **高度**：自動 | 歷史資料頁面容器。 |
| VerArrHelp | **寬度**：填滿, **高度**：自動 | 使用說明頁面容器。 |
| TinyDB1 | 無 | 儲存應用程式資料。 |
| AccelerometerSensor1 | **啟用**：取消核選 | 取得震動情況。 |
| Clock1 | **啟用計時**：取消核選 | 取得系統時間及計時。 |
| ClockScreenOn | **計時間隔**:10000 | 讓螢幕常亮。 |
| Notifier1 | 無 | 顯示程式訊息。 |
| NotifierScreenOn | 無 | 讓螢幕常亮。 |

## 1.3.4 **專題分析和程式拼塊說明**

1. 定義全域變數。

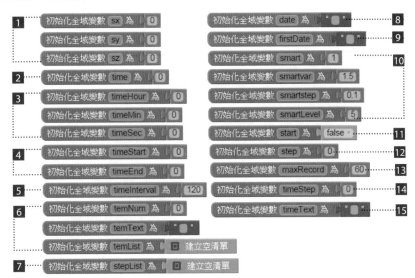

**1** sx、sy、sz 三個變數分別記錄加速度感測器原始 X、Y、Z 軸的參數值。

**2** time 儲存目前系統時間。

**3** timeHour、timeMin、timeSec 三個變數分別儲存目前系統時間的時、分、秒數值。

**4** timeStart、timeEnd 兩個變數分別記錄加速度感測器開始及結束計時數值。

**5** timeInterval 設定檢查加速度感測器的時間間隔。

**6** 三個變數分別儲存暫時數據：temNum 儲存暫時數值，temText 儲存暫時字串，temList 儲存暫時清單值。

**7** stepList 為儲存歷史記錄步行數的清單。

**8** date 儲存目前日期的字串。

**9** firstDate 儲存第一筆記錄的日期字串。

**10** smart 儲存靈敏度比對值，數值範圍為 0.5 到 1.4。smartvar 為計算靈敏度的常數，smartstep 為兩相鄰靈敏度的數值差，smartLevel 儲存靈敏度的等級。計算公式：

$$smart = smartvar - smartstep \times smartLevel$$

**11** start 是布林變數，true 表示步行器開啟，false 表示步行器關閉。

**12** step 儲存行走步數。

13 maxRecord 設定最大歷史記錄數量。

14 timeStep 儲存步行時間。

15 timeText 儲存時間字串。

2. 程式開始執行先取得系統時間、靈敏度資料及顯示今日步行數。

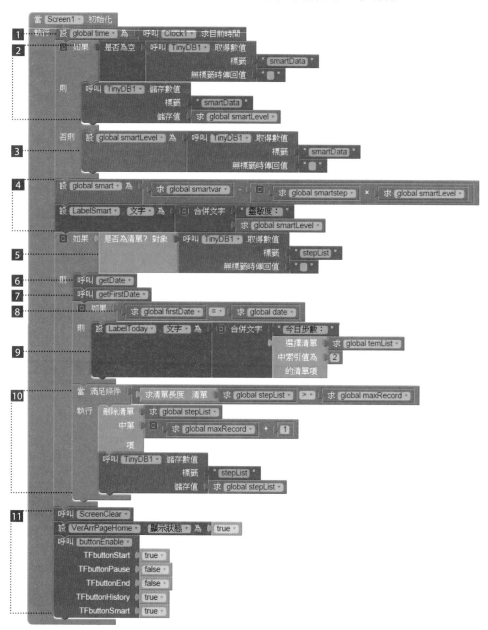

1. 取得系統時間並將其值儲存於 time 變數中。

2. 檢查資料庫中是否有靈敏度資料，如果沒有就將預設值 (5) 寫入資料庫中。

3. 資料庫中如有靈敏度資料就將其讀出儲存於 smartLevel 變數中。

4. 由 smartLevel 變數計算靈敏度數值 (smart) 並在主頁面顯示，計算公式為：

    smart = 1.5 - 0.1 x smartLevel

5. 如果資料庫中已有步行資料才執行拼塊 6 到 10。

6. **getDate** 自訂程序可取得今天日期並儲存於 date 變數中。

7. **getFirstDate** 自訂程序可取得步行資料中第一筆資料的日期，並將其儲存於 firstDate 變數中。

8. 如果今天日期與第一筆資料日期相同，表示今天已經記錄過步行資料，就執行拼塊 9。

9. 取得步行資料中第一筆資料的步行數，並在主頁面的今日資料 (**LabelToday. 文字**) 中顯示。

    **getFirstDate** 自訂程序會將第一筆資料存入 temList 清單內，temList 清單的第二筆資料即為步行數。

10. 檢查步行資料筆數是否大於最大筆數 (maxRecord，60 筆 )，若大於最大筆數就移除最後一筆 (maxRecord+1)。

11. 顯示主頁面及設定各按鈕是否有作用。

    **ScreenClear** 自訂程序會隱藏全部頁面，再設定主頁面 (VerArrPageHome) 的 **顯示狀態** 屬性為 true，就可以顯示主頁面。

    **buttonEnable** 自訂程序可設定五個按鈕是否有作用：參數值為 true 設定按鈕有作用，false 設定按鈕無作用。此處設定 **開始**、**查看歷史資料** 及 **靈敏度設定** 按鈕有作用，**暫停** 及 **停止** 按鈕無作用。

3. 自訂程序 **getDate** 可取得今天的日期字串。

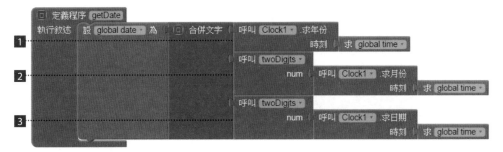

**1** 系統時間儲存於 date 變數，此拼塊取得系統時間的西元年份。

**2** 取得系統時間的月份，並以 **twoDigits** 自訂程序轉換為兩個字元的字串。

**3** 同理，取得系統時間的日數。 例如今天是 2014 年 3 月 8 日，則 date 變數 值為「20140308」。

4. 自訂程序 twoDigits 可將一位數或二位數的數值轉換為兩個字元的字串，若是 一位數就在數值前面加一個「0」。

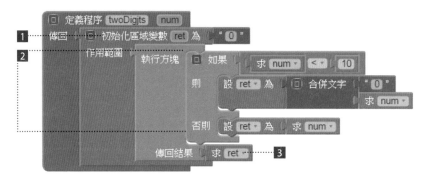

**1** 建立區域變數 ret 做為傳回值。

**2** 如果傳入的參數是一位數 ( 小於 10)，就在數字前面加上「0」使其成為二 位數；若參數不小於 10 ( 二位數 )，就保持原有數值。

**3** 處理完後將區域變數 ret 傳回。

5. 自訂程序 **getFirstDate** 可取得步行資料中第一筆資料的日期。

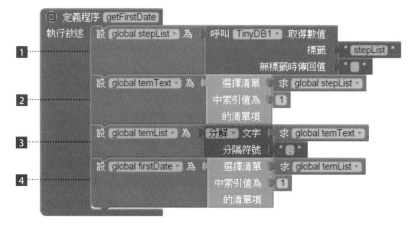

**1** 讀取資料庫中的步行資料存於 stepList 清單。

**2** 取出步行資料的第一筆資料存於 temText 變數中。

③ 將第一筆資料字串以「,」字元分解,結果存於 temList 清單。

④ temList 清單的第一個項目就是日期,將日期存於 firstDate 變數。

6. 本專題將三個頁面置於同一個 Screen 元件中,要如何顯示指定的頁面呢? 方法是先將所有頁面都隱藏,再顯示指定的頁面即可。自訂程序 **ScreenClear** 會隱藏所有頁面,要達到此目的,只需將所有頁面的 **顯示狀態** 屬性值都設定 為 false 就行了!

7. 本專題 **開始**、**暫停**、**停止**、**查看歷史資料** 及 **靈敏度設定** 五個按鈕,常需視 情況改變其是否可以作用,因此將其寫成自訂程序,以五個按鈕的作用情況 作為參數,只要執行此程序就能同時設定五個按鈕,非常方便,這是程式中 常用的技巧。

另一個技巧是將參數名稱設為與按鈕名稱相關,執行此程序時,看到名 稱就知道此參數對應的按鈕,例如將 ButtonStart 按鈕的參數名稱設為 TFbuttonStart。

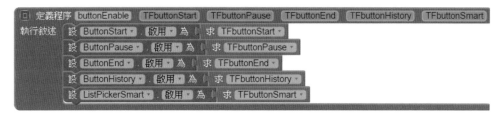

例如下圖為設定 **開始** 按鈕有作用,其餘按鈕皆無作用的拼塊。

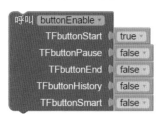

8. 本專題執行時，行動裝置的螢幕一定要全程開啟，才能測得準確數值。 ClockScreenOn 元件在屬性面板已設定每 10 秒執行一次 ( **時間間隔** 屬性設 為 10000)，每 10 秒顯示一次無內容的訊息，就可使螢幕不會關閉。

**1** 將 NotifierScreenOn 元件背景顏色設成與程式執行時背景顏色相同，顯示 空白訊息時就不會被使用者發現。

**2** 顯示空白訊息。

9. 當使用者按 **開始** 鈕就開始計算步行數：將步行數及步行時間歸零、啟動計時 器及加速度感測器。

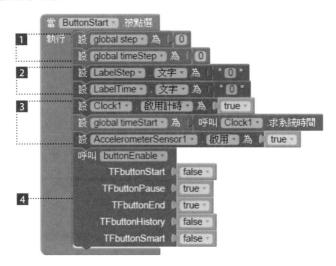

**1** 設定步行數 (step) 及步行時間 (timeStep) 為 0。

**2** 在主頁面顯示步行數及步行時間。

**3** 啟動計時器 (Clock1) 及加速度感測器 (AccelerometerSensor1)，並將啟動 時間儲存於 timeStart 變數。

**4** 計步期間只有 **暫停** 及 **停止** 鈕有作用，其餘按鈕皆無作用。

10. **暫停** 鈕有兩個功能：如果按鈕文字為「暫停」，按下會停止計步，同時按鈕文字會變為「繼續」；若按鈕文字為「繼續」，按下會繼續計步，同時按鈕文字會變為「暫停」。

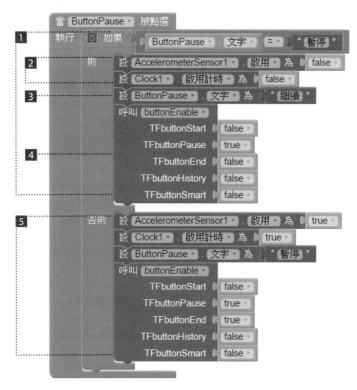

1 如果按鈕文字為「暫停」就執行拼塊 2 到 4 。

2 停止計時器及加速度感測器 。

3 將按鈕文字改為「繼續」。

4 設定只有 **繼續** 鈕有作用，其餘按鈕皆無作用。

5 如果按鈕文字為「繼續」就執行拼塊 5 ：啟動計時器及加速度感測器，將按鈕文字改為「暫停」，設定 **暫停** 及 **停止** 鈕有作用，其餘按鈕皆無作用。

11. 使用者按 **停止** 鈕就將步行數記錄於資料庫。

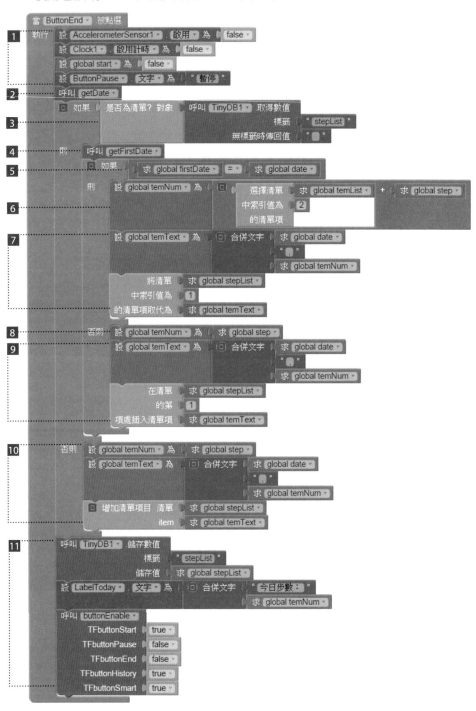

1. 停止計時器及加速度感測器，將啟動旗標 (start) 設為 false，並設定暫停按鈕的文字為「暫停」。

2. 取得系統日期。

3. 如果資料庫中已有步行資料才執行拼塊 **4** 到 **9**。

4. 取得步行資料中第一筆資料的日期。

5. 如果系統日期與第一筆資料日期相同，表示今天已經記錄過步行資料，就執行拼塊 **6** 及 **7**。

6. temList 清單的第二筆資料是原有的步行數，加上這次的步行數 (step) 就是今天累計的步行數，累計後存於 temNum 變數中。

7. 將今天日期結合累計的步行數就是資料庫要記錄的步行資料，因資料庫已有今天資料，所以要用取代 ( **清單項取代** 拼塊 ) 的方式寫入 stepList 清單，覆蓋原有的第一筆資料。

8. 如果系統日期與第一筆資料日期不同，表示今天還沒有步行資料，就執行拼塊 **8** 及 **9**。
   拼塊 **8** 直接將這次的步行數 (step) 存於 temNum 變數中。

9. 因資料庫尚無今天資料，所以要用插入 ( **插入清單項** 拼塊 ) 的方式寫入 stepList 清單，並將寫入的資料做為第一筆資料。

10. 如果資料庫沒有步行資料，表示是第一次使用計步功能，要使用新增 ( **增加清單項目** 拼塊 ) 的方式建立 stepList 清單。

11. 將 stepList 清單寫入資料庫、顯示今天步行數，最後設定 **開始**、**查看歷史資料** 及 **靈敏度設定** 按鈕有作用，**暫停** 及 **停止** 按鈕無作用。

12. 計算步行時間：**計時器** 元件的 **計時間隔** 屬性值為預設的 1000，即每一秒會觸發一次 **Clock1. 計時** 事件，所以在此事件中將秒數加 1 就可正確計時。為了美觀，本專題採「xx 小時 xx 分 xx 秒」格式顯示，若數值為零則不顯示，例如步行 5 分 8 秒，顯示為「05 分 08 秒」。

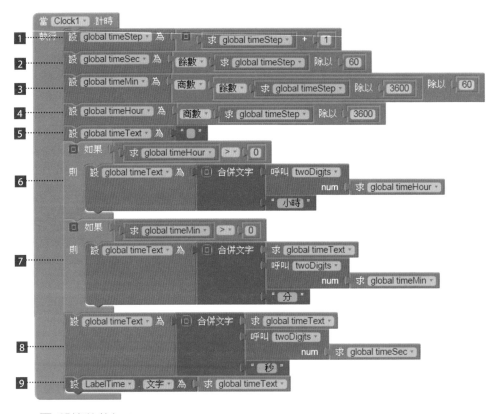

1　將總秒數加 1。

2　計算顯示秒數：總秒數除以 60 的餘數。

3　計算顯示分鐘數：總秒數除以 3600 的餘數得到去除小時的秒數，再以此餘數除以 60 的商就是分鐘數。

4　計算顯示小時數：總秒數除以 3600 的商。

5　將顯示時間的字串清空，重新組合顯示時間字串。

6　如果小時數大於零，將小時數轉換為二個字元的字串加入顯示字串。

7　同理，如果分鐘數大於零，將其轉換為二個字元的字串加入顯示字串。

8　無論秒數為何都要顯示，將秒數轉換為二個字元的字串加入顯示字串。

9　在主頁面顯示目前步行時間。

13. 使用者按 **查看歷史資料** 鈕會切換到歷史資料頁面，逐筆顯示步行數。

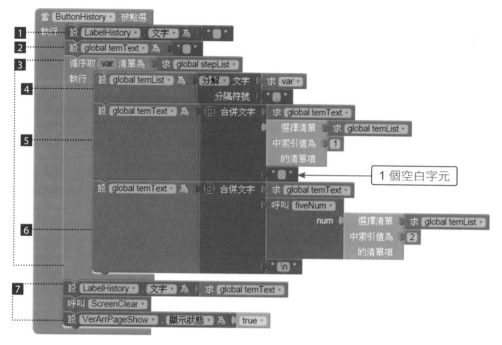

1 個空白字元

**1** 清除顯示歷史資料文字欄位。

**2** 清除顯示歷史資料字串，重新組合顯示資料字串。

**3** 步行資料存於 stepList 清單，使用 **循序取 ( 清單項 )** 迴圈逐筆顯示 stepList
清單資料。正在處理的單一筆資料字串存於區域變數 var 中。

**4** 將單一筆資料字串以「,」分隔字元分解並存於 temList 清單中：temList 清
單的第一項資料為日期，第二項資料為步行數。

**5** 取得日期資料加入顯示字串 temText 中。

**6** 取得步行數資料加入顯示字串 temText 中。
為了顯示美觀，使用自訂程序 **fiveNum** 將步行數轉換為 5 個字元的字串，
如此一來顯示數字就有固定長度並靠右對齊。

**7** 顯示歷史資料字串並切換到歷史資料頁面。

14. 自訂程序 **fiveNum** 會將傳入的數字字串補成 5 位數的寬度傳回。

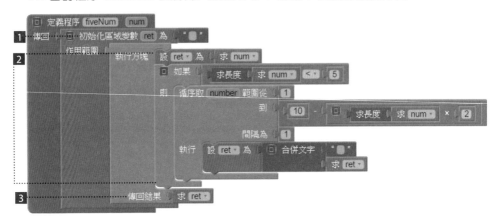

1 建立區域變數 ret 做為傳回值。

2 如果傳入的參數小於 5 位數，就在數字前面加上「10 - 位數乘以 2」個空白字元。

3 傳回區域變數 ret。

15. **靈敏度設定** 鈕是 **清單選擇器** 元件，元件名稱為 ListPickerSmart，其 **元素字串** 屬性值設定為「1,2,3,4,5,6,7,8,9,10」，這是 **清單選擇器** 元件的選單項目值。當使用者按下 **靈敏度設定** 鈕，系統會顯示 1 到 10 十個項目供使用者選取，使用者點選任一個項目值後，就會觸發 **ListPickerSmart. 選擇完成** 事件。**ListPickerSmart. 選擇完成** 事件會將選取的靈敏度等級轉換為靈敏度數值 (smart)，同時在主頁面顯示靈敏度等級，並寫入資料庫。

1 選取的數值 (**ListPickerSmart. 選中項**) 是靈敏度等級，將其轉換為靈敏度數值。

2 顯示靈敏度等級。

3 將靈敏度等級寫入資料庫。

16. 當使用者按 **結束程式** 鈕，就顯示對話方塊詢問使用者是否確定要結束程式。

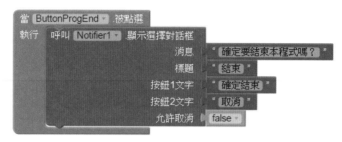

17. 當使用者按 **說明** 鈕，就切換到使用說明頁面。

18. 在歷史資料頁面及使用說明頁面各有一個 **回主頁面** 鈕 (ButtonReturn 及 ButtonReturn2)，按下後會切換到主頁面。

19. 在主頁面按 **結束程式** 鈕後，使用 **計時器** 元件顯示的對話方塊，在對話方塊中按 **確定結束** 鈕就以 **退出程序** 拼塊結束應用程式。

20. 本專題使用加速度感測器來偵測使用者的震動。本專題的加速度感測器有三大特色：首先是降低感測器的靈敏度，詳細內容參考 1.2.4 節。

其次是使用三軸數值的差而不是三軸數值：大部分應用程式是讀取加速度感測器數值來控制遊戲，只要將手機某方向抬起就能持續保持該數值；本專題則是震動時才要計次，而震動時三軸數值必然會改變，所以使用三軸數值的差來偵測手機震動。

第三大特色是三個方向的數值改變都要偵測：因為不同使用者計步時手機擺放的方向及位置可能不同，因此無法得知加速度感測器哪一個軸會產生變化，所以三個軸都要偵測，只要任何一個軸改變都要計步。

**1** 記錄目前系統時間做為 timeEnd 變數值。

**2** 如果時間間隔大於 timeInterval 變數值 ( 預設為 120，即 0.12 秒 )，就執行拼塊 **3** 到 **5**，也就是每隔 0.12 秒才檢查是否震動一次。

**3** 如果不是啟動狀態就設定為啟動狀態 (start=true)。

**4** 如果 X、Y、Z 任一軸的變化量大於靈敏度 (smart)，就將步行數增加 1，並更新步行數顯示。

**5** 將目前系統時間設定為 timeStart 變數值，表示重新開始計時。

**6** 記錄目前感測器三個軸的數值，做為下一次震動比較的初始值。

21. 按行動裝置上的 **返回** 鍵(「<」),會彈出確認結束應用程式對話方塊,作用
   與在主頁面按 **結束程式** 鈕相同。

## 1.3.5 未來展望

步行的目的之一是要消耗熱量,如果能在計步器中加入計算消耗熱量的功能,對
使用者會很有助益。消耗熱量與使用者的步幅(走一步的距離)及體重有關,若
要計算消耗熱量需先記錄使用者的步幅及體重。本書已將加入計算消耗熱量功能
的專題置於書附光碟 <mypro_StepCountAdv.aia>),使用者可自行參考。

另外,可在系統加入許多步行對健康幫助的資訊,增加使用者步行動力。若能提
供將步行資料發布於社群網站或儲存在雲端的功能,讓眾多同好可以共同切磋激
勵,必能提高運動效能。

# MEMO

Chapter

# 02

# 即刻救援 App

本專題主要包括三部分：

危難而不知身在何處：登山者常會迷路，使用手機告知親朋好友時又說不清自己的位置，本專題可以電話及簡訊告知友人迷途者目前的經緯度。

遭到突然攻擊：不少女性可能會遇到色狼搔擾、夜歸人可能突然遭到歹徒襲擊，本專題具有一鍵發出警笛聲或求救聲的功能。

被綁架或限制行動：如果使用者被限制行動，本專題可用長按隱形按鈕方式送出簡訊，簡訊內容包括使用者目前的位置資訊。

# 2.1 專題介紹：即刻救援

新聞報導中，不時可看到女性被欺負、有人被綁架或山友發生山難的消息，我們若缺乏警覺心及基本準備，萬一真的發生意外，可是會後悔莫及的！手機裡不只可以安裝小遊戲，最好也放些救援的小工具！

本專題已預先設定好 119 報案電話，使用者可另外設定三組緊急聯絡人電話，程式執行後就可一鍵撥號報案或打給緊急聯絡人，撥號前會先顯示位置訊息，第一時間馬上發出求救訊號，不用怕臨時在手機中找不到撥號對象。

本專題也具備發送簡訊功能，使用者可預先設定簡訊內容。如果緊急聯絡人沒有接電話，或現場不允許撥號，或為保持手機電力，可以一鍵發送給三個緊急聯絡人，簡訊內容會自動加入目前所在位置，送出後就可以靜待救援。為因應綁架狀況，特將發送簡訊功能設計成隱形按鈕，使用者可神不知鬼不覺的傳送簡訊。

最後，本專題安排兩款警報聲：警車音效及人聲求救音效，只需一鍵按下，警報器馬上作響，系統會直接把聲音開到最大聲，在危急時刻發揮嚇阻歹徒的效果！

## 2.2 專題重要技巧

本專題除了使用手機的撥號、發簡訊、音效等基本功能外，最重要的是取得目前手機位置隨簡訊一併送出，收到簡訊者可得知使用者所在位置以便進行救援工作。如果是綁架事件，為免被歹徒發現使用者發送簡訊會危害使用者安全，需將發送簡訊按鈕設計成隱形形式，讓歹徒不知其存在；同時為避免使用者誤按隱形按鈕造成緊急聯絡人困擾及金錢損失 ( 簡訊費用 )，隱形按鈕要長按才有作用。

### 2.2.1 activity 啟動器元件簡介

**activity 啟動器** 元件可以呼叫其他的應用程式，包括使用 App Inventor 2 撰寫的程式、手機內建的應用程式及一般手機應用程式，有些應用程式會傳回資料，**activity 啟動器** 元件也可以取得應用程式的執行結果，目前只能取得回傳文字資料。由於 **activity 啟動器** 元件能讓設計者有效利用他人撰寫好的功能，因此大幅擴充了 App Inventor 2 的能力。

**activity 啟動器** 元件主要屬性及方法有：

| 屬性或方法 | 說明 |
|---|---|
| **Action** 屬性 | 要執行的動作名稱。 |
| **ActivityPackage** 屬性 | 要執行應用程式的套件名稱。 |
| **ActivityClass** 屬性 | 要執行應用程式的類別名稱。 |
| **DataUri** 屬性 | 傳送給要執行應用程式的網址資料。 |
| **啟動活動對象** 方法 | 開始執行應用程式。 |

- **Action** 屬性：許多手機內建功能可設定此屬性執行，例如「android. intent.action.VIEW」會開啟指定的網頁、「android.intent.action.WEB_ SEARCH」可在網頁中搜尋特定資料、「android.settings.LOCATION_ SOURCE_SETTINGS」會開啟手機的 GPS 功能。

- **ActivityPackage** 及 **ActivityClass** 屬性：如果知道應用程式的 Package name 及 Class name，可設定這兩個屬性來執行該應用程式。

# ▶範例：播放 YouTube 影片

此範例利用開啟網頁方式播放 YouTube 影片：使用者按 **播放** 鈕就會開啟指定的 YouTube 網頁，在影片上按一下滑鼠左鍵就開始播放影片。(<ex_Youtube.aia>)

» 介面配置

本範例的元件非常簡單，視覺元件只有一個按鈕，非視覺元件也只有一個 **activity 啟動器** 元件，用來執行開啟網頁功能。

## » 程式拼塊

```
當 Button1 ▾ 被點選
執行    設 ActivityStarter1 ▾ . Action ▾ 為  " android.intent.action.VIEW "
       設 ActivityStarter1 ▾ . DataUri ▾ 為  " http://www.youtube.com/watch?v=GEQ8EY3rpcw&feature=related "
       呼叫 ActivityStarter1 ▾ .啟動活動對象
```

1️⃣ 設定 **activity 啟動器** 元件的 **Action** 屬性值為「android.intent.action. VIEW」，表示要開啟網頁。

2️⃣ 將 YouTube 影片網址設定給 **activity 啟動器** 元件的 **DataUri** 屬性。

3️⃣ 執行開啟網頁應用程式，系統會以預設的瀏覽器開啟網頁。

**activity 啟動器** 元件的功能非常強大，用法也很複雜，此處只是就本專題使用到的部分稍做說明，第十章會詳述 **activity 啟動器** 元件的使用方法。

## 2.2.2 **位置感測器元件**

**位置感測器** 元件是非視覺元件，其功能是偵測目前行動裝置的位置，第一優先是使用行動裝置的 GPS，也可以使用無線網路或行動基地台來定位。**位置感測器** 元件提供的位置資訊相當豐富，包括經度、緯度、海拔高度、地址等，甚至可將地址轉換為經緯度，但部分功能需視使用的行動裝置及地區是否提供而定。

**位置感測器** 元件主要屬性及事件有：

| 屬性或事件 | 說明 |
|---|---|
| **海拔** 屬性 | 傳回行動裝置的海拔高度。 |
| **有效提供者** 屬性 | 傳回可用的服務者清單，通常是 network 或 gps。 |
| **緯度** 屬性 | 傳回行動裝置的緯度。 |
| **經度** 屬性 | 傳回行動裝置的經度。 |
| **鎖定提供者** 屬性 | 設定是否鎖定目前服務提供者。 |
| **提供者名稱** 屬性 | 設定目前服務提供者名稱，通常是 network 或 gps。 |
| **位置被改變** 事件 | 當行動裝置位置改變時會觸發本事件。 |

若使用 GPS 定位，**提供者名稱** 屬性值為「gps」；若使用無線網路或行動基地台定位，**提供者名稱** 屬性值為「network」。

如果要使用 GPS 定位，必須開啟行動裝置的 GPS 功能，因此在使用 GPS 定位前最好先檢查行動裝置的 GPS 功能是否開啟，若未開啟就將其開啟。檢查行動裝置 GPS 功能是否開啟的方法，是查看可用的服務清單中是否包含「gps」，開啟 GPS 功能的方法是使用 **activity 啟動器** 元件，只需設定 **Action** 屬性值為「android.settings.LOCATION_SOURCE_SETTINGS」即可。程式拼塊為：

1 如果可用的服務清單中不包含「gps」文字，表示行動裝置的 GPS 功能尚未開啟，就執行拼塊 2 開啟 GPS 功能。

2 使用 **activity 啟動器** 元件開啟 GPS 功能。

執行上述程式拼塊時，若行動裝置的 GPS 功能尚未開啟，會自動跳到系統設定 GPS 頁面，讓使用者開啟 GPS 功能，開啟 GPS 功能後上方通知欄會有雷達圖示閃爍，表示正在進行 GPS 定位。

## ▼範例：取得目前位置

系統預設的定位方式為 network，使用者按 **定位方式** 鈕會開啟定位方式選單，使用者點選後即可設定定位方式。若點選 gps 項目而行動裝置的 GPS 功能尚未開啟，會跳到 GPS 設定頁面並開始 GPS 定位。使用者按 **顯示位置** 鈕會在下方顯示定位方式及目前位置經緯度。(<ex_Location.aia>)

### 》介面配置

ListPicker1 元件的 **元素字串** 屬性值設定為「network,gps」，表示使用者按此鈕後有「network」及「gps」兩個選項。

» 程式拼塊

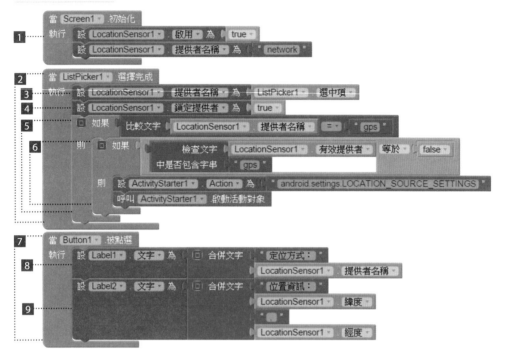

1 程式開始時啟動 **位置感測器** 元件,並預設定位方式為 network。

2 使用者選取 ListPicker1 定位方式後執行此拼塊。

3 以使用者選取的定位方式做為 **位置感測器** 元件的 **提供者名稱** 屬性值。

4 鎖定使用者選取的定位方式。

5 如果使用者選取 gps 定位方式才執行拼塊 6 。

6 檢查行動裝置的 GPS 功能是否開啟,若未開啟就將其開啟。

7 使用者按 **顯示位置** 鈕後執行此拼塊。

8 顯示目前定位方式。

9 顯示目前經緯度。

### 2.2.3 製作隱形按鈕

為了不讓歹徒察覺使用者發送簡訊，故將簡訊發送按鈕製作為「隱形按鈕」，即該按鈕不會在螢幕中顯示。要讓按鈕隱藏，不是設定按鈕元件的 **顯示狀態** 屬性值為 false 就好了嗎？但如此一來，使用者也無法按下按鈕執行其事件程式。 所謂「隱形按鈕」，是該按鈕存在於螢幕上，而且有作用，只是看不見而已。

製作隱形按鈕的技巧在於清除按鈕元件的 **文字** 屬性值，這樣按鈕上就不會顯示文字，接著製作一張與按鈕大小相同的圖片，該圖片的背景為透明，且無任何圖形，例如本範例的 <transparent.png> 圖片就是 100x100 像素的背景透明圖片：

最後設定按鈕的 **圖片** 屬性值為該圖片即可，因為圖片是透明的，所以使用者看不見按鈕。

## 2.3 專題製作：即刻救援

智慧型手機的定位功能以往多用於導航，將此功能用在緊急救援上則是相當有創意的應用。在緊急狀況發生時，手機的定位資訊結合電話、簡訊功能，就能讓手機主人的位置傳送給多個指定聯絡人，以利救援工作的進行。

### 2.3.1 專題發想

本專題主要包括三部分：

- **危難而不知身在何處**：登山者常會迷路，使用手機告知親朋好友時又說不清自己的位置，使搜救者不知到何處救援，本專題可以電話及簡訊告知友人迷途者目前的經緯度。

- **遭到突然攻擊**：女性可能會遇到色狼搔擾、夜歸人可能突然遭到歹徒襲擊，本專題具有一鍵發出警笛聲或求救聲的功能。

- **被綁架或限制行動**：如果使用者被限制行動，就不能自由使用手機，必須在神不知鬼不覺的情況下送出求救訊息，本專題可用長按隱形按鈕方式送出簡訊，簡訊內容包括使用者目前的位置資訊。

### 2.3.2 專題總覽

程式第一次執行時，會彈出視窗告知需先建立電話及簡訊資料，在緊急時才能撥打電話及發送簡訊。按 **知道了** 鈕就會開啟輸入電話及簡訊資料頁面，讓使用者建立電話及簡訊資料。

可以輸入三個緊急聯絡人電話，也可僅輸入一或二個緊急聯絡人電話，若尚未建立電話資料就撥打電話，系統會顯示提示訊息。系統已建立預設的簡訊內容，使用者可以修改簡訊內容，也可以使用預設的簡訊內容。資料輸入完畢後按 **確定** 鈕就會儲存，未來可在主頁面按  圖示修改電話及簡訊資料。

專題路徑：<mypro_UrgentTexting.aia>。

**本專題需在實機上執行**

本專題會使用 **GPS** 定位，因此要在行動裝置上執行。

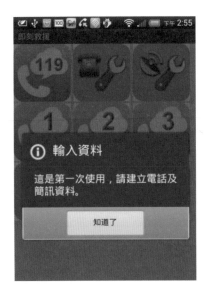

建立電話及簡訊資料後就開啟主頁面，主頁面中有 10 個按鈕，注意左下角存在一個隱形按鈕。使用者按電話圖示 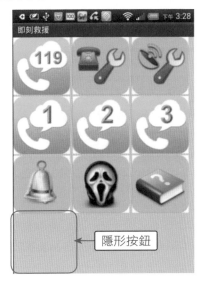、、、 會以對話方塊顯示目前位置，以便使用者告知電話對象。按 **撥號** 鈕就撥出電話。

隱形按鈕

使用者按 圖示會切換到設定定位方式頁面，按 **選取定位方式** 鈕就列出定位方式選單，使用者點選定位方式後就完成定位方式設定。

使用者按 圖示會發出警笛聲，按 圖示會發出求救聲，同時系統會為圖示加一條斜線，使用者再按一次圖示就能停止聲音播放，同時恢復正常圖示。播放聲音時，系統會自動將音量調到最大音量，停止播放時會降低音量。

使用者按 圖示會顯示使用說明頁面，按 **回主頁面** 鈕可切換到主頁面。

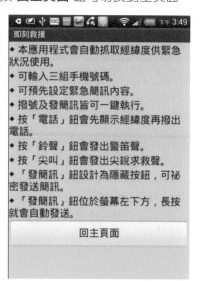

長按左下角的隱形按鈕會發給每一位緊急聯絡人一則簡訊，簡訊內容為預先設定的「緊急簡訊內容」加上使用者目前的經緯度。簡訊全部傳送完成後會顯示「簡訊已傳送完畢！」訊息告知使用者，一秒後訊息會自動消失，以免被歹徒察覺。右下圖為緊急聯絡人收到的簡訊內容。

## 2.3.3 介面配置

本專題共有四個頁面：主頁面、電話及簡訊資料頁面、定位方式頁面及使用說明頁面，設計時是把這四個頁面都置於同一個 Screen 元件中，而將同一個頁面的元件都放在一個 **垂直布局** 元件內，要顯示某一個頁面時，就設定該頁面 **垂直布局** 元件的 **顯示狀態** 屬性為 true，再設定另三個頁面 **垂直布局** 元件的 **顯示狀態** 屬性為 false，就達成顯示指定頁面的功能。

## 主頁面

主頁面的所有元件都位於 VerArrMain 元件內。

主頁面的按鈕為棋盤式排列,使用 **表格布局** 元件最適合。為了增加美觀,在按鈕之間水平方向加了寬度為 5 像素的間隔,垂直方向加了高度為 3 像素的間隔,其製作方法是在儲存格中放置 **標籤** 元件,清除其 **文字** 屬性值,再設定寬度或高度即可。

## 電話及簡訊資料頁面

電話及簡訊資料頁面的所有元件都位於 VerArrInputData 元件內,有三個輸入電話及一個輸入簡訊內容的文字方塊,再加上兩個按鈕。

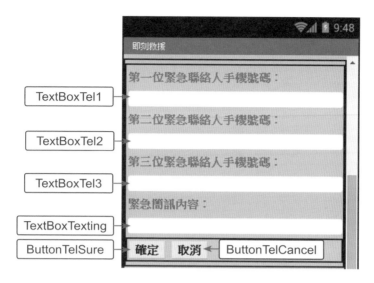

## 定位方式頁面

定位方式頁面的所有元件都位於 VerArrProvider 元件內，包含一個現在定位方式的 **標籤** 元件、選取定位方式的 **清單選擇器** 元件及一個按鈕。

## 使用說明頁面

使用說明頁面的所有元件都位於 VerArrHelp 元件內。

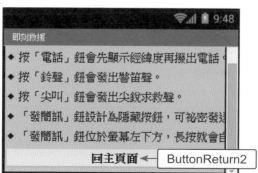

## 使用元件及其重要屬性

| 名稱 | 屬性 | 說明 |
|---|---|---|
| TableArrangement1 | **列數** :5, **行數** :6 | 主頁面擺放按鈕的容器。 |
| ButtonTel119 | **文字**：無 , **圖片** :phone119.png | 電話 119 按鈕。 |
| ButtonTel1 | **文字**：無 , **圖片** :phone1.png | 第一個聯絡人電話按鈕。 |
| ButtonTel2 | **文字**：無 , **圖片** :phone2.png | 第二個聯絡人電話按鈕。 |
| ButtonTel3 | **文字**：無 , **圖片** :phone3.png | 第三個聯絡人電話按鈕。 |
| ButtonToolPhone | **文字**：無 , **圖片** :toolphone.png | 設定電話及簡訊按鈕。 |
| ButtonToolgps | **文字**：無 , **圖片** :toolgps.png | 設定定位方式按鈕。 |
| ButtonAlert | **文字**：無 , **圖片** :alert.png | 播放警笛聲按鈕。 |
| ButtonScream | **文字**：無 , **圖片** :scream.png | 播放求救聲按鈕。 |
| ButtonHelp | **文字**：無 , **圖片** :help.png | 使用說明按鈕。 |
| ButtonTexing | **文字**：無 , **圖片** :transparent.png | 發送簡訊隱形按鈕。 |
| ButtonTelSure | **文字**：確定 , **字元尺寸** :18 <br>**粗體**：核選 | 儲存電話及簡訊資料按鈕。 |
| TextBoxTel1-3 | **字元尺寸** :18, **粗體**：核選 | 輸入三個電話資料。 |
| TextBoxTexting | **字元尺寸** :18, **粗體**：核選 | 輸入預設簡訊資料。 |
| LabelProvider | **字元尺寸** :24, **粗體**：核選 <br>**文字顏色**：藍色 , **文字** :network | 顯示定位方式。 |
| ListPicker1 | **元素字串** :network,gps | 選取定位方式選單。 |
| VerArrMain | **寬度**：填滿 , **高度**：自動 | 主頁面容器。 |
| VerArrInputData | **寬度**：填滿 , **高度**：自動 | 電話及簡訊資料頁面容器。 |
| VerArrProvider | **寬度**：填滿 , **高度**：自動 | 定位方式頁面容器。 |
| VerArrHelp | **寬度**：填滿 , **高度**：自動 | 使用說明頁面容器。 |
| TinyDB1 | 無 | 儲存應用程式資料。 |
| LocationSensor1 | 無 | 取得目前位置資訊。 |
| Clock1 | **計時間隔** :3000 | 間隔三秒發一次簡訊。 |
| Phonecall1 | 無 | 撥打電話。 |
| Texting1 | 無 | 發送簡訊。 |
| ActivityStarter1 | 無 | 啟動 GPS 功能。 |

## 2.3.4 **專題分析和程式拼塊說明**

1. 定義全域變數。

**1** telList 是儲存緊急聯絡人電話的清單。

**2** textingMsg 儲存預設簡訊內容。

**3** provider 儲存定位方式。

**4** phoneNumber 儲存目前使用的電話號碼。

**5** hasPhone 設定目前是否已輸入任何一個電話號碼。

**6** index 是計數器。

**7** temText 做為儲存暫時性文字用。

textingMsg 在建立變數時就給予初始值，避免使用者忘記設定簡訊內容而發出一則空白簡訊。使用者若對預設內容不滿意，可在主頁面按 🖅 圖示更改簡訊內容。

同樣的，為了確保能取得使用者的位置資訊，設定 provider 變數的初始值為 network，這是利用網路或基地台取得位置，根據實測，此方式幾乎在任何情況都可得到位置資訊，只是比較不精確；使用者若確定可取得 GPS 資料 ( 例如在戶外且開啟 GPS 裝置 )，可在主頁面按 🖅 圖示更改定位方式。

2. 程式執行後,設定一些元件的初始值、使用 network 定位方式取得位置資訊、根據是否第一次使用做不同的讀取資料庫處理。

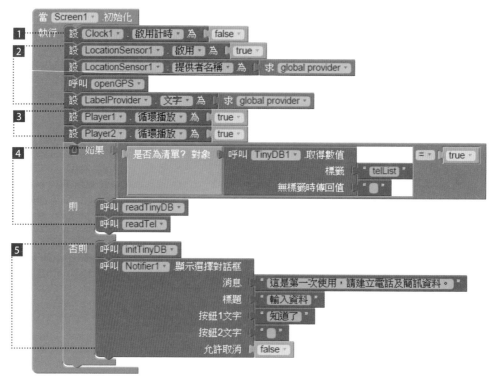

■1 關閉 Clock1 計時器,使用者發簡訊時再將其啟動。

■2 程式啟動時,provider 預設值為 network,所以此處啟動 **位置感測器** 元件,以 network 定位方式取得位置資訊,同時在定位方式頁面顯示目前的定位方式。

■3 設定兩個播放聲音元件的循環播放屬性為 true,使用者按 🎵 或 🔔 圖示播放聲音時,就會一直循環播放。

■4 如果 telList 清單已建立,表示已使用過此應用程式,就將資料庫中的資料讀入。

■5 如果第一次使用本應用程式,就顯示提示對話方塊告知使用者需先建立電話及簡訊資料。

3. **readTinyDB** 自訂程序會讀取資料庫中所有資料。

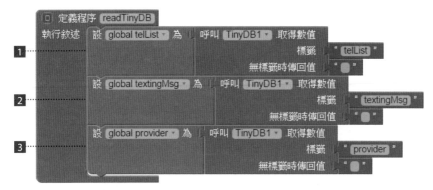

1 讀取資料庫內的電話資料存於 telList 清單中。

2 讀取資料庫內的簡訊資料存於 textingMsg 變數中。

3 讀取資料庫內的定位方式資料存於 provider 變數中。

4. **readTel** 自訂程序會將清單或變數中的資料，顯示於電話及簡訊資料頁面的文字輸入框中。

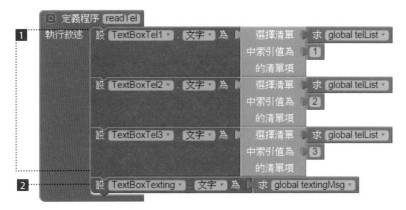

1 telList 清單中儲存三個緊急聯絡人電話資料，使用 **選擇索引值的清單項** 方法逐一取得每個緊急聯絡人電話，並設定給對應的文字輸入框，以便讓使用者查詢或修改。

2 將 textingMsg 變數中的簡訊資料，顯示於電話及簡訊資料頁面的簡訊文字輸入框中。

5. 第一次執行本應用程式時，資料庫中無任何資料，需用 **initTinyDB** 自訂程序建立資料。

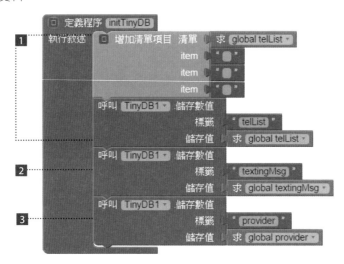

**1** 以 **增加清單項目** 方法在 **telList** 清單中新增三個空白項目，再將其寫入資料庫，做為未來儲存緊急聯絡人電話之用。

**2** 將預設的簡訊內容寫入資料庫。

**3** 將預設的定位方式寫入資料庫。

6. 四個撥打電話圖示的處理過程相同，只是撥打的電話號碼不同而已。撰寫 dial 自訂程序來處理撥打電話，再以傳送的參數來判斷使用者按下哪一個按鈕。下圖拼塊為若參數值為 1 表示按下第一個聯絡人電話按鈕，參數值為 2 表示按下第二個聯絡人電話按鈕，參數值為 3 表示按下第三個聯絡人電話按鈕，參數值為 4 表示按下 119 電話按鈕。

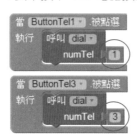

7. **dial** 自訂程序執行撥打電話功能，程序會根據 **numTel** 參數值決定電話號碼。

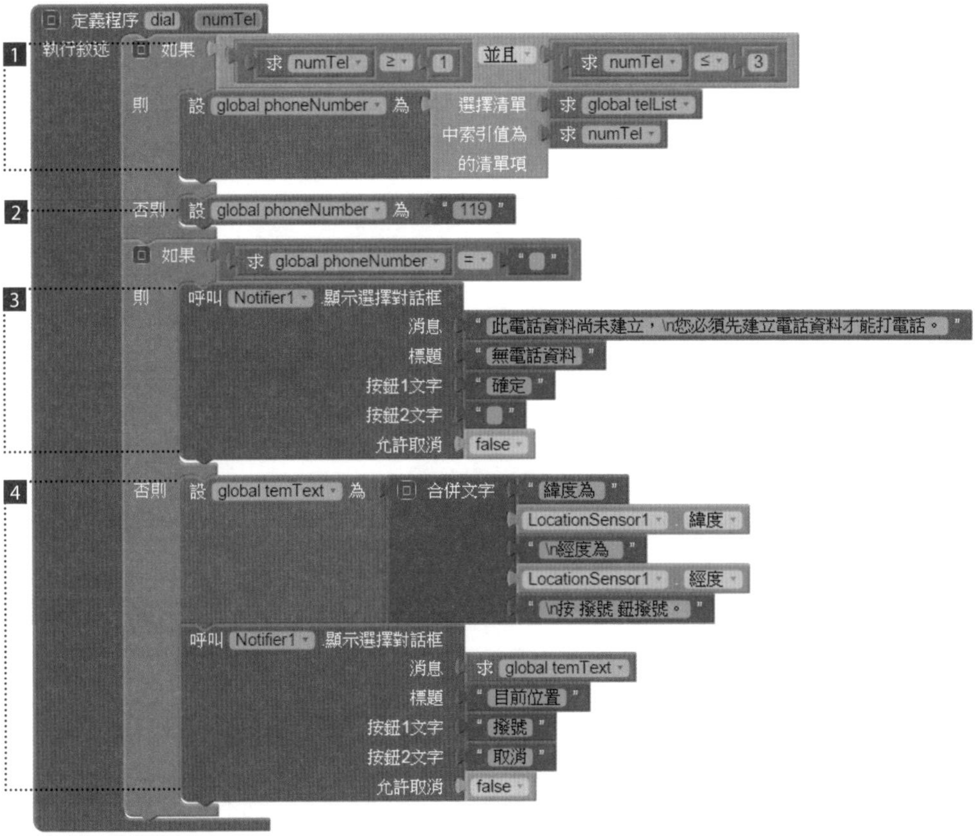

**1** 如果傳入的參數值是 1 到 3，表示使用者按了第一到三個聯絡人電話按鈕，
於是由 telList 清單中取出對應的電話號碼。

**2** 如果傳入的參數不是 1 到 3，表示使用者按了 119 電話按鈕。

**3** 如果電話號碼是空的，顯示提示視窗告知使用者需先建立電話資料。

**4** 如果電話號碼不是空的，就顯示目前經緯度資料，使用者按 **撥號** 鈕就撥出
電話。

8. 使用者按 🖼 圖示就切換到電話及簡訊頁面讓使用者修改電話及簡訊資料，方
法是先隱藏所有頁面，再顯示電話及簡訊頁面。

**1** **screenHidden** 自訂程序會隱藏所有頁面。

**2** 顯示電話及簡訊頁面。

9. **screenHidden** 自訂程序的功能是隱藏所有頁面，方法是設定所有頁面的 **顯示狀態** 屬性值為 false 即可。

10. 使用者在電話及簡訊頁面中按 **取消** 鈕時，使用者已經修改的資料將作廢不予儲存，方法是將原來的電話及簡訊資料重新讀入所有輸入文字框來覆蓋已修改的資料，再將頁面切換回主頁面。

**1** **readTel** 自訂程序會讀取原來的電話及簡訊資料到輸入文字框。

**2** 切換回主頁面。

11. 使用者在電話及簡訊頁面中按 **確定** 鈕，就將修改的資料寫入資料庫儲存。

**1** 以三個電話輸入文字框的資料取代 telList 清單中資料，然後寫入資料庫。

**2** 將簡訊輸入文字框的資料寫入資料庫。

**3** 切換回主頁面。

12. 使用者按 🔧 圖示，就切換到定位方式頁面讓使用者修改定位方式。

13. **選取定位方式** 鈕是 **清單選擇器** 元件，其 **元素字串** 屬性值設定為 「network,gps」，當使用者按下 **選取定位方式** 鈕，系統會顯示 network 及 gps 兩個項目供使用者選取，使用者點選任一個項目值後，就會觸發 **ListPicker1. 選擇完成** 事件。

**1** 將使用者選取的定位方式存入 provider 變數中。

**2** 顯示使用者選取的定位方式。

**3** 將使用者選取的定位方式寫入資料庫。

**4** 自訂程序 **openGPS** 功能為若使用者點選「gps」，就開啟行動裝置的 GPS 功能。

14. **openGPS** 自訂程序的功能是當使用者以「gps」做為定位方式時，會檢查行動裝置的 GPS 功能是否開啟，若未開啟就將其開啟。

1️⃣ 啟動 **位置感測器** 元件。

2️⃣ 如果有使用 **清單選擇器** 元件選取定位方式，就以選取值為定位方式 ( 在 **Screen1. 初始化** 事件中則以預設值為定位方式 )。

3️⃣ 鎖定目前的定位方式。

4️⃣ 如果使用者選取「**gps**」定位方式才執行拼塊 5️⃣。

5️⃣ 如果行動裝置的 GPS 功能尚未開啟就將其開啟。

15. 使用者在定位方式頁面中按 **回主頁面** 鈕就切換到主頁面。

16. 使用者按 🔺 圖示就會以最大音量播放警笛聲，同時圖示變更為正在播放的圖示；再按一次則停止播放警笛聲，同時圖示變回正常圖示。

**1** 如果原來未播放聲音就執行拼塊 **2** 到 **5** 來發出警笛聲。

**2** 行動裝置震動兩秒。

**3** 設定最大音量。

**4** 變更圖示為正在播放狀態。

**5** 開始播放警笛聲。在 **Screen1. 初始化** 事件中已設定為循環播放,所以會不斷發出警笛聲,直到使用者再按一次按鈕為止。

**6** 如果是正在播放聲音狀態,就降低音量、回復圖示、停止聲音播放。

　　使用者按 🎭 圖示會播放求救聲,其程式拼塊流程與上述拼塊相同,不再贅述。

17. 使用者按 📖 圖示就切換到使用說明頁面。

```
當 ButtonHelp ▾ 被點選
執行 呼叫 screenHidden ▾
    設 VerArrHelp ▾ . 顯示狀態 ▾ 為 ( true ▾
```

18. 使用者在使用說明頁面中按 **回主頁面** 鈕就會切換到主頁面。

```
當 ButtonReturn2 ▾ 被點選
執行 呼叫 screenHidden ▾
    設 VerArrMain ▾ . 顯示狀態 ▾ 為 ( true ▾
```

19. 使用者長按隱形按鈕就為每一個聯絡人發出簡訊。為了避免使用者誤按而發出大量求救簡訊,必須使用者長按按鈕才會執行,一般程式語言多未提供長按事件,設計者要花費大量程式碼來處理按鈕長按的問題。但 App Inventor 2 貼心的提供 **被慢點選** 事件,設計者只需將程式拼塊置於此事件中即可。

```
當 ButtonTexting ▾ 被慢點選
執行 設 global temText ▾ 為 ( 🔲 合併文字  求 global textingMsg ▾
                                        " \n我的位置:\n緯度為 "
1 ·········                              LocationSensor1 ▾  緯度 ▾
                                        " \n經度為 "
                                        LocationSensor1 ▾  經度 ▾
2 ········· 設 global hasPhone ▾ 為 ( false ▾
3 ········· 設 global index ▾ 為 ( 1
4 ········· 設 Clock1 ▾ . 啟用計時 ▾ 為 ( true ▾
```

**1** 以儲存的簡訊內容加上目前經緯度做為傳送的簡訊內容。

**2** 先設定 hasPhone 旗標為 false，如果三個電話中有任何一個已設定電話號碼，就會將此旗標設為 true，最後再以此旗標做為是否發送簡訊的依據。

**3** 設定計數器為 1，表示由第一個聯絡人開始逐一發送簡訊。

**4** 啟動 Clock1 計時器，實際發送簡訊是在 **Clock1. 計時** 事件中執行。

20. Clock1 元件在設計階段已設定 **計時間隔** 屬性值為 3000，即每 3 秒會觸發一次 **Clock1. 計時** 事件。而 **Clock1. 計時** 事件執行發送簡訊，所以會每隔 3 秒發送一次簡訊，直到所有簡訊都發送完畢為止。

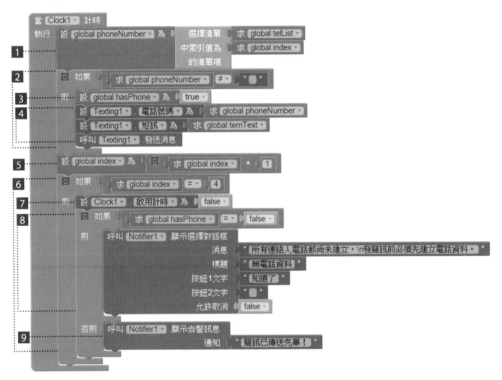

**1** 根據計數器 index 變數值由 telList 清單中取得電話號碼。

**2** 如果取得的電話號碼不為空值才執行拼塊 **3** 及 **4** 發送簡訊。

**3** 只要有任一電話號碼不為空值就將 hasPhone 旗標設為 true。

**4** 發送簡訊。

**5** 將計數器加 1，繼續處理下一個簡訊。

**6** 如果計數器 index 的值為 4，表示已處理完三個緊急聯絡人簡訊，於是執行拼塊 **7** 到 **9**。

**7** 關閉 Clock1 計時器。

**8** 如果 hasPhone 旗標為 false，表示所有電話都未建立，顯示提示訊息告知使用者。

**9** 如果有發送簡訊且所有簡訊都發送完畢，以 **對話框** 元件的 **顯示告警訊息** 方法告知使用者，此訊息顯示片刻後就會自動消失。

也許讀者會質疑：為何發幾通簡訊需要勞師動眾的使用 **計時器** 元件來執行？使用一個簡單的迴圈不就解決了嗎？的確，筆者原本就是以迴圈來發送連續簡訊，拼塊如下：

但執行結果是只發送了最後一則簡訊，前兩則簡訊無端消失了，為什麼會如此呢？原來 App Inventor 2 發送簡訊是使用系統內建的簡訊功能，啟動系統內建簡訊功能需一點時間，但程式流程卻沒有停止，當內建簡訊功能啟動完成要發送簡訊時，程式已執行完整個迴圈，所以只有最後一則簡訊傳送出去。使用計時器元件每 3 秒傳送一次簡訊，才能確保所有簡訊都傳送出去。

21. 按行動裝置上的 **返回** 鍵（「<」），會彈出確認結束應用程式對話方塊，按 **結束程式** 鈕就關閉本應用程式，按 **取消** 鈕則又回到應用程式繼續執行。

22. **對話框** 元件顯示的對話方塊可根據不同的按鈕文字做處理。

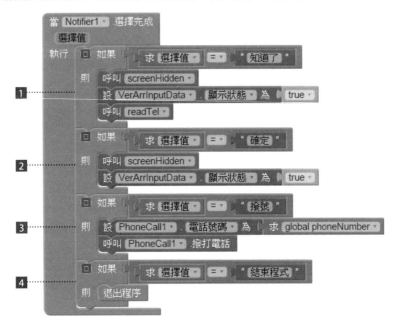

**1** 第一次使用本應用程式時，會以彈出視窗告知使用者必須先建立電話及簡訊資料，使用者按 **知道了** 鈕就會切換到電話及簡訊資料頁面，同時將預設資料值讀入電話及簡訊資料頁面的文字輸入框。

**2** 撥打電話時，若該電話尚未建立就會以彈出視窗告知必須先建立電話資料，使用者按 **確定** 鈕就切換到電話及簡訊資料頁面，讓使用者輸入電話號碼。

**3** 撥打電話時，若該電話已經建立會以彈出視窗顯示目前位置資訊，使用者按 **撥號** 鈕就能撥出電話。

**4** 在確認結束應用程式的對話方塊中按 **結束程式** 鈕，就會以 **結束程序** 結束應用程式。

## 2.3.5 未來展望

緊急狀況的種類繁多，因此本應用程式還有許多功能可以擴充：可搜集一些常見且需要緊急處理的狀況，如毒蛇咬傷、心肌梗塞、虎頭蜂叮咬等，分門別類整理處理方法，在緊急時可供查詢；拍攝如心肺復甦術等急救影片，緊急時可參考施救；結合日漸成熟的語音合成技術，可提供文字轉成語音的報案，也可供瘖啞人士使用。

# 機車駕照模擬考 App

行動裝置 App 結合資料庫的應用，一直是 App 開發者想學習卻又不知如何進行的方向。本專題將題庫儲存在 Google Fusion Tables 資料庫中，執行時 App 會讀取資料庫中的資料，按部就班引導使用者學習機車筆試題目。

題庫呈現的方式分為四種：首先是以列表方式展示依序顯示題目，第二種為一次顯示一個題目及答案方式，第三種是以語音方式讀出題目及答案，第四種方式為模擬測驗，考驗自己的程度。

# 3.1 專題介紹：機車法規題庫

將大量資料儲存於資料庫中，當需要使用資料時再從資料庫讀取，是最常被應用的程式專題之一。App Inventor 2 元件支援的資料庫有 **微資料庫** 及 **網路微資料庫** 兩種，這兩種資料庫都只能儲存少量資料，如果要存取大量資料，可將其儲存於 Google Fusion Tables 資料庫中。

機車是國人必備的交通工具，幾乎每個成年人都有考機車駕照的經驗，坊間也有許多關於機車筆試的書籍。本專題下載公路總局提供的筆試試題 ( 為免資料過於龐大，本專題僅以法規部分的選擇題做為示範 )，將試題儲存於 Fusion Tables 資料庫，製作成 App 應用程式，使用者可隨時隨地利用行動裝置複習筆試題目。

題庫呈現的方式分為三種：首先是以列表方式依序展示題目，使用者可以瀏覽所有試題，只要點選題目就會以語音讀出題目；第二種為一次顯示一個題目及答案方式，使用者可以按 **上一題** 、**下一題** 或 **隨機** 鈕切換顯示題目，方便使用者記憶；當使用者自認已相當熟悉題目時，可使用第三種方式：模擬測驗，以隨機選題方式考驗自己的程度。

## 3.2 專題重要技巧

本專題將試題資料儲存於 Google Fusion Tables 資料庫，再於程式中以 Fusion tablesControl 元件取得資料庫中的試題並傳回，詳述建立資料庫過程及讀取資料庫運作原理。

本專題最大特色是能用語音讀出試題，這是利用 **文字語音轉換器** 元件來達成，可幫助不識中文字的新住民以聽力來學習。

### 3.2.1 建立 CSV 格式題目檔案

交通部公路總局為方便民眾準備汽機車筆試考照資料，提供筆試試題下載的服務，民眾可連結「http://www.thb.gov.tw/sites/ch/modules/download/download_list?node=cc318297-734e-42f0-9524-284801e7064d&c=63e0f1f5-4574-4545-a6fe-987df50ee75f」網址下載，本專題需下載機車中文法規選擇題資料：

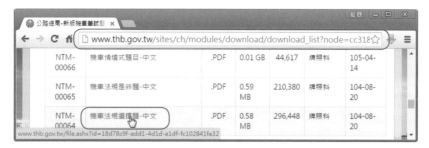

下載的檔案格式為 PDF 檔，使用 Adobe Acrobat 將其轉換為 Excel 格式，再將文件中標題、目錄、空白欄等移除，只留下題號、答案及題目三個欄位 ，並在第一列加入標題 ( 本章範例資料夾 < 機車法規選擇題 - 中文 .xlsx>)：

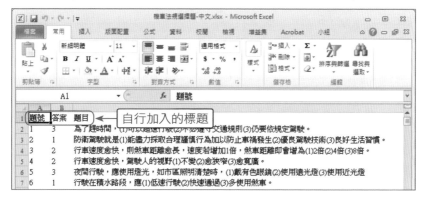

轉換為 CSV 格式：在 Excel 中執行 **檔案 / 另存新檔**，於 **另存新檔** 對話方塊中 **存檔類型** 選取 **CSV( 逗號分隔 )(*.csv)**，最後按 **儲存** 鈕就會產生 CSV 格式檔案 ( 本章範例資料夾 < 機車法規選擇題 - 中文 .csv>)。CSV 格式檔案為文字檔，欄位資料以逗號分隔，用記事本開啟如下圖：

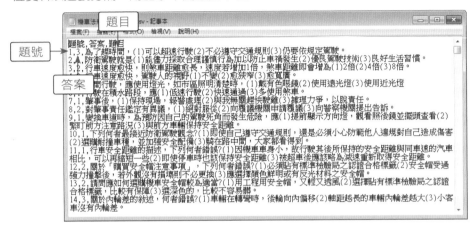

預設產生的 CSV 檔為 ANSI 編碼，最好改為 UTF-8 編碼，如此顯示中文時才不容易產生亂碼。在記事本中以 UTF-8 編碼儲存的操作為：**檔案 / 另存新檔**，於 **另存新檔** 對話方塊中 **編碼** 選取 **UTF-8**，最後按 **存檔** 鈕。

## 3.2.2 建立 Fusion tables 資料庫

如果應用程式需使用資料時，通常要先架設網頁伺服器如 IIS、Apache 等，再安裝資料庫軟體如 SQL Server、MySQL 等，得耗費大量時間精力。Google Fusion Tables 是 Google 提供的雲端資料庫服務，只要具有 Google 帳號，就能免費在 Fusion Tables 上建立資料庫並分享給特定對象或所有人使用，非常方便。Fusion Tables 的限制為每個資料表最大 100M，每人最多可使用 250M，對於一般用途已綽綽有餘。

建立 Google Fusion Tables 雲端資料庫的步驟為：

1. 在 Chrome 瀏覽器以 Google 帳號登入後，於網址列輸入「https://drive. google.com/drive」開啟 Google 雲端硬碟。雲端硬碟預設並未加入 Fusion Tables 服務，必須先加入此服務：按 **新增 / 更多 / 連結更多應用程式**，在 **將應用程式連接到雲端硬碟** 網頁中列出了很多應用程式，於搜尋框輸入「fusiontable」即可找到 Fusion Tables 應用程式，按 **連接** 鈕進行連結。

2. 於 **Fusion Tables 已連接成功** 對話方塊按 **確定** 鈕。回到雲端硬碟頁面按 **新增 / 更多 / Google Fusion Tables** 建立 Fusion Tables 資料庫。

3. 於再次確認密碼頁面輸入密碼後按 **Sign in** 鈕。於 **Import new table** 頁面左方點選 **From this computer** 表示要由本機檔案匯入，接著按 **選擇檔案** 鈕，選取上一節建立的「機車法規選擇題 - 中文 .csv」檔案後按 **Next** 鈕。

4. 資料已正確匯入資料表了！按 **Next** 鈕繼續。

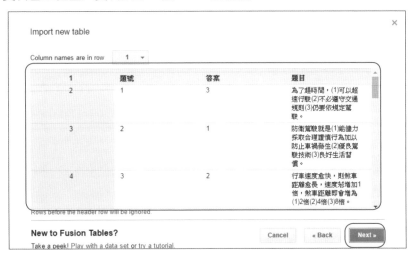

5. 在 **Table name** 欄位輸入資料表名稱「motorExam」後按 **Finish** 鈕完成資料表。資料建立完成後會自動開啟資料表頁面，此時資料表只有建立者可以存取，接著修改資料表權限讓所有人都可使用：按右上角 **Share** 鈕。

6. 預設只有建立者可以存取，按右方 **變更** 鈕。於 **連結共用** 頁面核選 **開啟 - 公開在網路上** 項目後按 **儲存** 鈕，回到 **共用設定** 頁面按 **完成** 鈕完成設定。

7. 於資料表頁面執行 **File / About this table**，記錄 **About this table** 對話方塊中 **Id** 欄位的資料，這是資料表名稱，將在程式中使用到。按 **Done** 鈕關閉對話方塊。

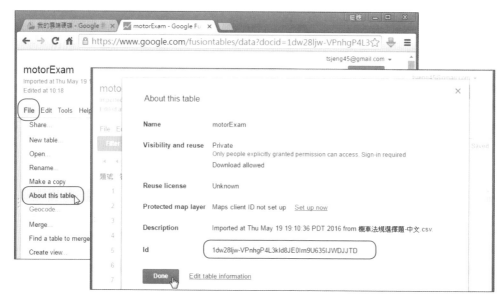

### 3.2.3 **申請 Fusion Tables 的 API Key**

要在外部程式使用 Fusion Tables 資料庫，必須申請一個 Fusion Tables 的 API Key。操作步驟如下：

1. **新 增 Google API**： 由「https://console.developers.google.com」 開 啟 Google APIs 網頁，輸入 Google 帳號與密碼登入進入專案管理的畫面。在功能表先點選 **Google APIs**，再點選 **選取一項專案 / 建立專案**，輸入 **專案名稱**，例如：「fusiontable20160430」，在下方會自動生成專案的 ID。若是您的專案名稱不夠長，ID 會自動加上流水編號；如果專案名稱夠長，ID 就會與專案名稱相同。最後按下 **建立** 鈕。

2. **開啟 Fusion Tables API**：建立完成後會自動進入該專案的視窗，點選 **API 管理員** 的 **憑證** 項目，在右邊 **API 憑證** 按 **啟用您要使用的 API** 連結。

資料庫標籤的欄位輸入關鍵字「fu」搜尋到「Fusion Tables API」，按下
**Fusion Tables API** 連結開啟，再按下 **啟用** 鈕即可完成開啟。

3. **建立 Android 金鑰**：按 **憑證 / 建立憑證** 即會開啟下拉式選單，在下拉式選單
中點選 **API 金鑰**。然後在 **建立新的金鑰** 對話方塊中點選 **Android 金鑰**。

4. 直接按 **建立** 鈕產生 API 金鑰，按 **確定** 鈕回到專案憑證頁面，其中的 **API 金
鑰** 就是程式使用 Fusion Tables 所需的 API Key，請將這個 API 金鑰複製儲
存起來。

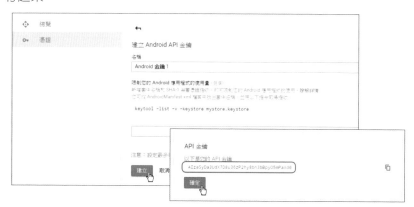

## 3.2.4 建立服務帳戶並產生 P12 金鑰

預設的 Fusion Tables 只允許管理者修改，其他的使用者沒有存取的權限，即使將它公開在網路上，其他的使用者也沒有存取的權限。但在 App 開發時會希望讓使用者可以在程式中操作 Fusion Tables 中的資料，就必須為這個 Fusion Tables 建立服務帳戶，取得代表的電子郵件地址，並產生 P12 金鑰，再加以設定。

1. **建立服務帳戶並產生 P12 金鑰檔**：按 **憑證 / 建立憑證**，在下拉式選單中點選 **服務帳戶金鑰** 開啟 **憑證** 對話方塊，在對話方塊 **服務帳戶** 下拉式選單中點選 **App Engine default service account**，**金鑰類型** 核選 **P12** 後按 **建立** 鈕，此時會下載一個副檔名為 P12 的金鑰檔，請儲存起來供設定使用。

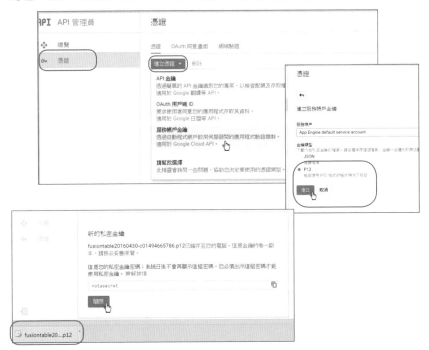

2. **產生服務帳戶金鑰**：此時會產生一組服務帳戶金鑰。該服務帳戶金鑰包含代表使用者的電子郵件，按下 **管理服務帳戶** 會顯示服務帳戶的詳細資料。

3. **取得服務帳戶 ID**：將 **服務帳戶 ID** 儲存下來，未來要設定權限時就必須使用這組電子郵件。

## 3.2.5 在 Fusion Tables 加入擁有存取權限的電子郵件地址

回到 Fusion Tables，按右上角 **Share** 鈕，會出現 **共用設定** 對話方塊，在 **邀請別人** 欄位輸入前面建立的電子郵件地址，設定權限為 **可以編輯** 後按 **傳送** 鈕。

該電子郵件地址即會出現在擁有存取權的使用者的清單中，最後按 **完成** 即完成設定。

## 3.2.6 FusiontablesControl 元件

在 Android 5.X 版本以後，讀取、新增、修改和刪除 Fusion Tables 資料庫必須加入加密金鑰、服務帳號電子郵件並設定服務驗證為 true。

1. **上傳 P12 金鑰**：請在專案的外觀編排介面中按 **上傳文件** 鈕，選擇剛才產生的 P12 金鑰檔上傳到 **素材** 區中。

2. **設定加密金鑰和服務帳號電子郵件**：加密金鑰請輸入剛上傳的 P12 金鑰檔的檔名，服務帳號電子郵件是剛才產生的驗證帳戶電子郵件。

3. **核選服務驗證**：必須設定服務驗證為 **true**，否則仍無法讀取、新增、修改和刪除。

FusiontablesControl 元件存取 Fusion Tables 資料庫的方式為：

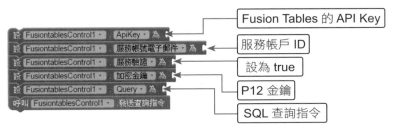

**ApiKey** 屬性值設為前一節申請的 Fusion Tables API Key，**服務帳號電子郵件** 為前一節申請的服務帳戶 ID，**加密金鑰** 為前一節申請的 P12 金鑰，**Query** 屬性值設為要執行的 SQL 指令，最後以 **發送查詢指令** 方法就可操作資料庫。設定如下：

```
當 Screen1 初始化
執行  設 FusiontablesControl1 . ApiKey . 為  " AlzaSyCsnzN98KMg4BDQwkr9PWbWlP_IUGRQsJ0 "
     設 FusiontablesControl1 . 服務帳號電子郵件 . 為  " fusiontable20160430-1317@appspot.gserviceaccount.com "
     設 FusiontablesControl1 . 服務驗證 . 為  true .
     設 FusiontablesControl1 . 加密金鑰 . 為  " fusiontable20160430-bf53fbd4d3fb.p12 "
     呼叫 FusiontablesControl1 . 發送查詢指令
```

例如在程式開始時就讀取 3.2.2 節建立的 motorExam 資料表全部資料：**Query** 屬性值為「SELECT * FROM 1dw28ljw-VPnhgP4L3kld8JE0Irn9U635IJWDJJTD」，其中「1dw28ljw-VPnhgP4L3kld8JE0Irn9U635IJWDJJTD」是建立 Fusion Tables 的 Id，也就是資料表名稱。

```
當 Screen1 初始化
執行  設 FusiontablesControl1 . ApiKey . 為  " AlzaSyCsnzN98KMg4BDQwkr9PWbWlP_IUGRQsJ0 "
     設 FusiontablesControl1 . 服務帳號電子郵件 . 為  " fusiontable20160430-1317@appspot.gserviceaccount.com "
     設 FusiontablesControl1 . 服務驗證 . 為  true .
     設 FusiontablesControl1 . 加密金鑰 . 為  " fusiontable20160430-bf53fbd4d3fb.p12 "
     設 FusiontablesControl1 . Query . 為  ◎ 合併文字  " SELECT * FROM "
                                                   " 1dw28ljw-VPnhgP4L3kld8JE0Irn9U635IJWDJJTD "
     呼叫 FusiontablesControl1 . 發送查詢指令
```

執行完 **發送查詢指令** 方法後，會自動觸發 **取得結果** 事件並回傳結果。查詢結果會以 CSV 格式傳回，並儲存於 **返回結果** 參數中，使用者可使用 **CSV 轉清單 CSV 字元串** 拼塊將傳回值轉換為清單。

例如將 FusiontablesControl 元件查詢結果存於 examlist 清單變數中：

```
當 FusiontablesControl1 . 取得結果
返回結果
執行  設 global examlist . 為  CSV轉清單 CSV字元串  求 返回結果 .
```

FusiontablesControl 元件查詢結果是二維清單，第一維是資料記錄，第二維是資料欄位。以 motorExam 資料表為例，每一筆資料有三個欄位：第一個欄位是題號，第二個欄位是答案，第三個欄位是題目，如下表。

| 第一個欄位 | 第二個欄位 | 第三個欄位 |
|:---:|:---:|:---|
| 1 | 3 | 為了趕時間，(1) 可以超速行駛 (2) 不必遵守…… |
| 2 | 1 | 防衛駕駛就是 (1) 能儘力採取合理謹慎行為加…… |
| 3 | 2 | 行車速度愈快，則煞車距離愈長，速度若…… |
| 4 | 2 | 行車速度愈快，駕駛人的視野 (1) 不變 (2) 愈狹窄…… |
| …… | …… | …… |

使用兩次 **選擇清單中索引值的清單項** 拼塊即可取得欄位資料，例如下圖是取得第二筆資料中第三個欄位資料，即第二題題目，並將其顯示於 Label1 標籤中，顯示內容為「防衛駕駛就是 (1) 能儘力採取合理謹慎行為加……」。

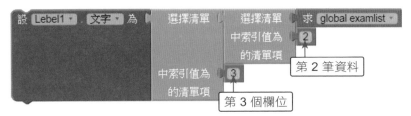

如果不習慣巢狀 **選擇清單中索引值的清單項** 拼塊，也可以先將第 2 筆資料存於變數中 ( 如下圖 single 清單變數 )，再取出第 3 個欄位：

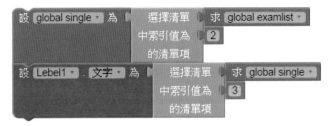

## 3.2.7 文字語音轉換器元件

**文字語音轉換器** 元件 (TTS) 的功能是將傳入的文字以語音方式讀出，可支援多種語言，每種語言還有多種國家口音可以選擇。**文字語音轉換器** 元件屬於 **多媒體** 類別。

**文字語音轉換器** 元件的利用很廣，例如可以為各種公共設施加入語音導引，幫助視障者使用公共設施；可以為老人家讀報，彌補老人家因老花眼不方便看報紙的缺憾。只要有現成的文字檔案，**文字語音轉換器** 元件就能以語音讀出，不必花費大量錄音的時間及金錢。

## 屬性、方法及事件

| 屬性、方法及事件 | 說明 |
|---|---|
| **國家** 屬性 | 設定讀出語音的國家口音。 |
| **語言** 屬性 | 設定讀出語音的語言。 |
| **Result** 屬性 | 傳回轉換是否成功，true 表示轉換成功，false 表示轉換失敗。此屬性只能在程式拼塊中使用。 |
| **念出文字 ( 消息 )** 方法 | 啟動文字轉換語音功能，參數 **消息** 是要轉換的文字內容。 |

| 屬性、方法及事件 | 說明 |
|---|---|
| **朗讀結束 ( 返回結果 )** 事件 | 文字轉換語音完成後觸發本事件，參數 **返回結果** 傳回轉換是否成功。 |
| **準備朗讀** 事件 | 文字轉換語音前觸發本事件。 |

於 **語言** 及 **國家** 屬性分別設定語言及國家口音，如果沒有設定，程式仍能正常執行，會以目前行動裝置所設定的語系發音。

**Result** 屬性會傳回轉換是否成功，傳回值只有 true 及 false 兩種。設計者可根據此傳回值做後續處理。

**文字語音轉換器** 元件官網所列的語言及國家口音整理於下表：

| 語言 | 語言屬性值 | 國家屬性值 |
|---|---|---|
| 英語 | eng | AUS、BEL、BWA、BLZ、CAN、GBR、HKG、IRL、IND、JAM、MHL、MLT、NAM、NZL、PHL、PAK、SGP、TTO、USA、VIR、ZAF、ZWE |
| 法語 | fra | BEL、CAN、CHE、FRA、LUX |
| 德語 | deu | AUT、BEL、CHE、DEU、LIE、LUX |
| 西班牙語 | spa | ESP、USA |
| 義大利語 | ita | CHE、ITA |
| 荷蘭語 | nld | BEL、NLD |
| 波蘭語 | pol | POL |
| 捷克語 | ces | CZE |

例如最常使用的英語，美國口音其 **國家** 屬性值為「USA」，英國口音則為「GBR」。

## 範例：中文語音合成

在文字輸入框中輸入要語音合成的文句後，按 **讀出文句** 鈕就會以中文讀出輸入的文句；若未輸入即按 **讀出文句** 鈕則不會發音，並會在下方顯示提示訊息。(<ex_chineseVoice.aia>)

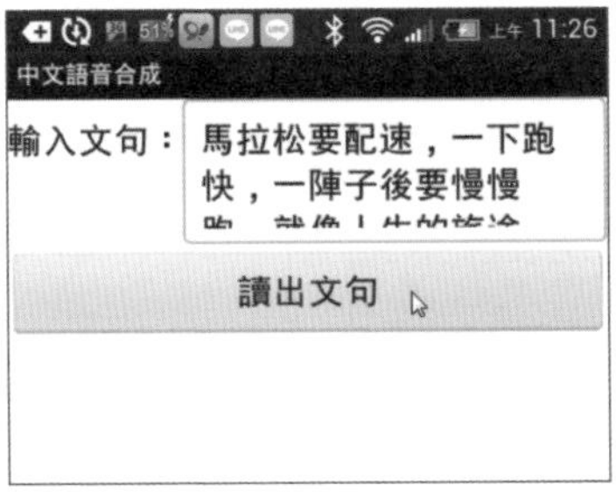


### 本專題需在實機上執行

由於模擬器無法輸入中文，本範例需在實機上執行，而且行動裝置需連結網際網路才能正常發音。

### » 介面配置

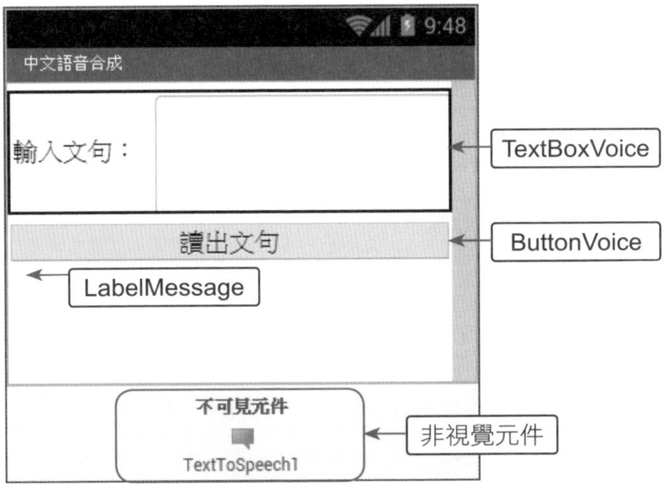

**App Inventor 2 專題特訓班**

TextBoxVoice 元件要核選 **允許多行** 屬性，並且設定高度值為 80 像素，如此才能輸入多行文字。

## » 程式拼塊

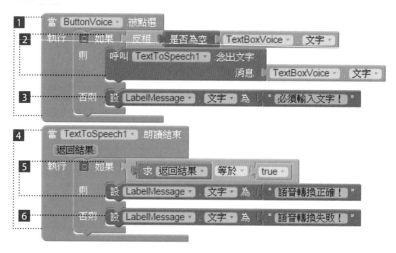

**1** 使用者按 **讀出文句** 鈕後執行此拼塊。

**2** 如果使用者輸入文句就以 **念出文字** 方法讀出。

**3** 如果使用者未輸入文句就顯示提示訊息。

**4** 念完文句後會觸發 **朗讀結束** 事件。

**5** 若 **返回結果** 傳回值為 true 表示文句讀取成功。

**6** 若 **返回結果** 傳回值為 false 表示文句讀取失敗。

# 3.3 專題製作：機車法規題庫

行動裝置 App 結合資料庫的應用，一直是 App 開發者想學習卻又不知如何進行的課題，本專題將題庫儲存在 Google Fusion Tables 資料庫中，執行時讀取資料庫中的資料，並按部就班引導使用者製作機車筆試題目 App。

## 3.3.1 專題發想

本專題包括四個 Screen：

- **主程式 (Screen1)**：讀取資料庫及建立各功能按鈕。
- **題目總覽 (Screen2)**：以表列方式列出題目，程式會顯示題目及答案，每次顯示 50 題，使用者可按 **上一頁** 或 **下一頁** 鈕切換題目。
- **題目速記 (Screen3)**：使用者可以依序從頭學習，程式會以每次一題顯示題目及答案，按 **上一題** 或 **下一題** 鈕會切換題目，按 **隨機** 鈕則由電腦隨機抽取題目顯示。
- **模擬考試 (Screen4)**：使用者精熟題目之後，可進行模擬考試測驗一下自己的程度，同時找出不足處再加強練習。

## 3.3.2 專題總覽

程式開始執行就會連結到資料庫讀取全部題目，然後顯示四個主要功能按鈕。按 **結束程式** 鈕會開啟確認結束對話方塊，按 **結束** 鈕就關閉程式。

使用者按 **題目總覽** 鈕就以表列方式顯示前 50 題的題目及答案，按 **上一頁** 或 **下一頁** 鈕切換題目，點選列表中的題目就會以語音唸出題目及答案，該題背景會顯示為紅色。按 **回首頁** 鈕就回到主程式頁面。

專題路徑：<mypro_motorcycle.aia>。

 **本專題需連結網際網路**

本專題會使用 Fusion Tables 資料庫及 Google 線上語音辨識，因此必須連上網路才能執行。

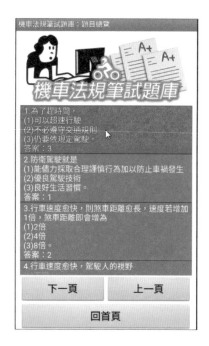

使用者按 **題目速記** 鈕，會依照題號順序顯示題目及答案，供使用者學習記憶，按 **下一題** 鈕會繼續，按 **上一題** 鈕可複習前一題，按 **隨機** 鈕則是依隨機方式選題顯示。

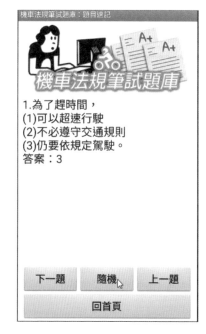

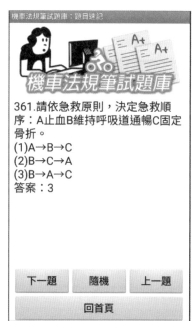

使用者按 **模擬考試** 鈕會以隨機方式選出 10 個題目做測驗；使用者可按下方 **1**、
**2**、**3** 鈕作為答案，程式會顯示下一個測驗題目讓使用者作答，全部題目都作答完
畢後會以對話方塊顯示測驗分數；按 **詳細內容** 鈕後便會列出所有題目、使用者
選取的答案及正確答案，讓使用者了解整個答題狀況，並針對錯誤的題目再加強
學習。

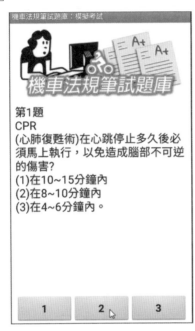 

### 3.3.3 **介面配置**

本專題共有四個頁面：主頁面 (Screen1)、題目總覽頁面 (Screen2)、題目速記頁
面 (Screen3) 及模擬考試頁面 (Screen4)。

## 主頁面 (Screen1)

主頁面包含一個顯示標題圖片的 **圖片** 元件、四個 **按鈕** 元件及一個
**FusiontablesControl** 元件讀取資料。

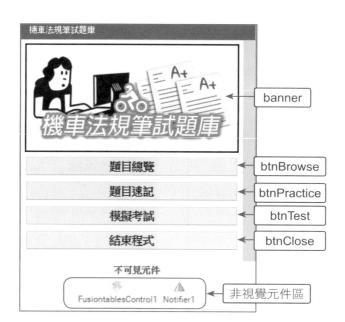

## 題目總覽頁面 (Screen2)

題目總覽頁面包含一個顯示題目列表的 **清單顯示器** 元件 (ListView1)、三個 **按鈕** 元件及一個 **文字語音轉換器** 元件 (tts) 用於讀出題目。

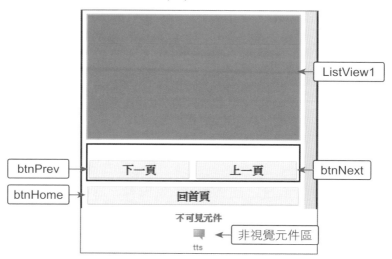

## 題目速記頁面 (Screen3)

題目速記頁面的介面配置與題目總覽頁面雷同，只是將 **清單顯示器** 元件替換為 **標籤** 元件 (ExamRegion)，用於顯示題目及答案。

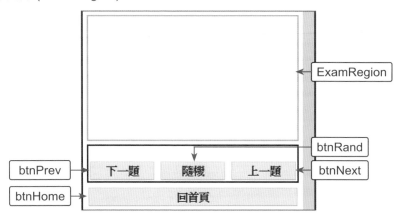

## 模擬考試頁面 (Screen4)

模擬考試頁面包含一個顯示全部試題的 **清單顯示器** 元件 (testResult)、一個顯示單一試題的 **標籤** 元件 (testContent)、四個 **按鈕** 元件及一個 **對話框** 元件 (message) 用於顯示訊息。

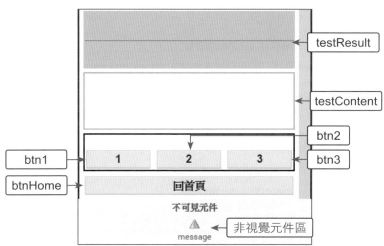

### 3.3.4 主頁面 (Screen1) 程式拼塊說明

1. 定義全域變數及程式初始化。

**1** 建立 examlist 清單變數儲存所有題目資料。

**2** 設定 FusiontablesControl 元件的各項屬性值，再以 **發送查詢指令** 方法由 Fusion Tables 資料庫讀取全部資料。

2. FusiontablesControl 元件讀取 Fusion Tables 資料後會觸發 **取得結果** 事件，**返回結果** 參數傳回讀取資料的內容。

**1** 讀取的資料內容會以 CSV 格式傳回，使用 **CSV 轉清單 CSV 字元串** 拼塊將傳回值轉換為清單，並存於 examlist 清單變數中。

**2** 第 1 筆資料是各欄位的標題而不是試題，所以將其移除。

3. 使用者按 **題目總覽** 鈕就切換到 Screen2 頁面，同時將所有試題資料 (examlist) 傳送給 Screen2 頁面。

4. 同理，使用者按 **題目速記**、**模擬考試** 鈕就切換到 Screen3、Screen4 頁面，同時將所有試題資料傳送過去。

5. 使用者按 **題目總覽** 鈕執行的程式拼塊。

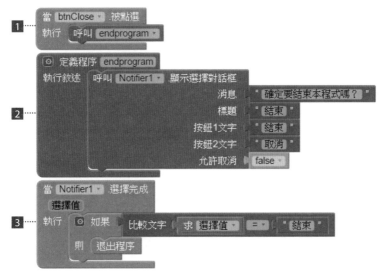

**1** 使用者按 **結束程式** 鈕就執行 endprogram 自訂程序。

**2** 顯示確認結束程式對話方塊。

**3** 使用者按 **結束** 鈕就關閉程式。

6. 按行動裝置上的 **返回** 鍵 (「<」)，會呼叫 **endprogram** 自訂程序彈出確認結束應用程式的對話方塊，在對話方塊中按 **結束** 鈕就會結束應用程式。

### 3.3.5 題目總覽頁面 (Screen2) 程式拼塊說明

1. 定義全域變數。

■ examlist 為儲存由主頁面傳送過來全部試題的清單。

■ showlist 為儲存顯示試題的清單。

■ pickitem 為儲存單一試題的清單。

■ rec_start 是顯示試題第一題的題號。

■ total 是總題數。

■ page 是目前顯示的頁數。

■ page_item 是一頁顯示的題數。

■ page_total 是總頁數。

■ rec_end 是顯示試題最後一題的題號。

2. 程式執行後計算總頁數及顯示第一頁試題。

■ 總題數除以每頁題數取得總頁數,未滿一頁的題數以一頁計算,所以使用「進位後取整數」無條件進位。

■ 以 procedure 自訂程序建立顯示試題清單。

3. procedure 自訂程序顯示試題。

**1** 設 global showlist ▾ 為 建立空清單

**2** 循序取 number 範圍從 求 start ▾
　　　　　　　　到 求 end ▾
　　　　　　間隔為 1

**3** 執行 設 global pickitem ▾ 為 選擇清單 求 global examlist ▾
　　　　　　　　　　　　中索引值為 求 number ▾
　　　　　　　　　　　　的清單項

**4** 增加清單項目 清單 求 global showlist ▾

**5** item 合併文字 選擇清單 求 global pickitem ▾
　　　　　　　　　　　　中索引值為 1
　　　　　　　　　　　　的清單項
　　　　　　　　　　　　" 、 "

**6** 將文字 " ( "
　　中所有 選擇清單 求 global pickitem ▾
　　　　　　中索引值為 3
　　　　　　的清單項
　　全部取代為 " \n( "

**7** " \n答案： "
　　選擇清單 求 global pickitem ▾
　　　　　中索引值為 2
　　　　　的清單項

**8** 設 ListView1 ▾ . 元素 ▾ 為 求 global showlist ▾

**1** 清空顯示試題清單。

**2** 逐筆處理顯示試題。

**3** 取得一筆顯示試題存入 pickitem 清單。

**4** 將單一試題加入顯示試題清單。

**5** 取得題號。

**6** 取得試題內容：在每一個「(」字元前加入換行符號「\n」，就能讓每一個選項單獨在一列中顯示，方便閱讀。

**7** 取得答案。

**8** 將顯示試題清單做為清單顯示器的內容。

4. 使用者點選試題就以 **文字語音轉換器** 元件讀出題目。

5. 使用者按 **下一頁** 鈕執行的程式拼塊。

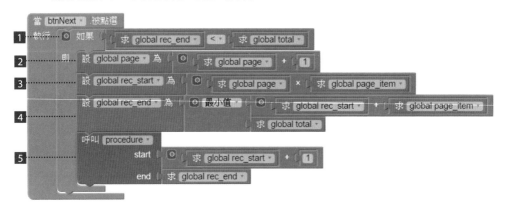

■ 如果目前顯示未到最後一題才有下一頁。

② 顯示頁數加 1。

③ 顯示頁數乘以每頁顯示題數就是顯示啟始位置。

④ 顯示啟始位置加每頁顯示題數就是結束位置，若結束位置大於總題數，就以總題數做為結束位置。

⑤ 顯示試題：注意第一題題號為啟始位置加 1。

6. 使用者按 **上一頁** 鈕執行的程式拼塊：與按 **下一頁** 鈕執行的程式拼塊雷同。

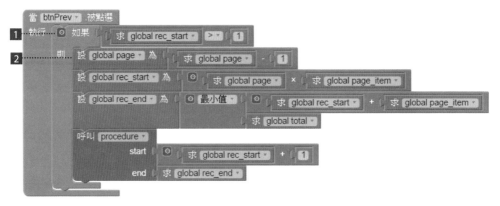

■ 如果目前顯示不是第一頁才有上一頁。

② 顯示頁數減 1。

7. 使用者按 **回首頁** 鈕就關閉頁面回到主頁面。

## 3.3.6 題目速記頁面 (Screen3) 程式拼塊說明

1. 定義全域變數及程式執行後顯示第一題。

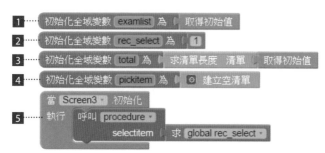

▇1 examlist 為儲存由主頁面傳送過來全部試題的清單。

▇2 rec_select 儲存要顯示試題的題號，預設顯示第 1 題。

▇3 total 是總題數。

▇4 pickitem 為儲存單一試題的清單。

▇5 以 procedure 自訂程序顯示試題。

2. procedure 自訂程序會顯示試題。

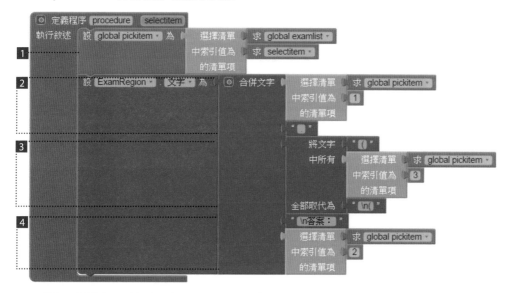

▇1 取得要顯示的試題存入 pickitem 清單。

▇2 取得題號。

**App Inventor 2 專題特訓班**

**3** 取得試題內容：在每一個「(」字元前加入換行符號「\n」，就能讓每一個選
項單獨在一列中顯示，方便閱讀。

**4** 取得答案。

3. 使用者按 **下一題** 鈕執行的程式拼塊。

**1** 如果目前顯示未到最後一題才有下一題。

**2** 將題號加 1。

**3** 顯示試題。

4. 使用者按 **上一題** 鈕，檢查如果目前不是第一題才有上一題，將題號減 1 後顯
示試題。

```
當 btnPrev 被點選
執行    如果    求 global rec_select > 1
       則 設 global rec_select 為    求 global rec_select - 1
       呼叫 procedure
           selectitem  求 global rec_select
```

5. 使用者按 **隨機** 鈕，就以亂數產生一個題號後顯示試題。

```
當 btnRand 被點選
執行 設 global rec_select 為 整數亂數從 1 到 求 global total
    呼叫 procedure
        selectitem  求 global rec_select
```

6. 使用者按 **回首頁** 鈕就關閉頁面回到主頁面。

```
當 btnHome 被點選
執行 關閉畫面
```

### 3.3.7 模擬考試頁面 (Screen4) 程式拼塊說明

1. 定義全域變數。

   **1** 初始化全域變數 score 為 0
   **2** 初始化全域變數 examNum 為 1
   **3** 初始化全域變數 examlist 為 取得初始值
   **4** 初始化全域變數 total 為 求清單長度 清單 取得初始值
   **5** 初始化全域變數 uselist 為 建立空清單
   **6** 初始化全域變數 resultlist 為 建立空清單

   **1** score 儲存使用者得到的分數。

   **2** examNum 為目前測驗的題號。

   **3** examlist 為儲存由主頁面傳送過來全部試題的清單。

   **4** total 是總題數。

   **5** uselist 為儲存測驗試題的清單。

   **6** resultlist 為儲存測驗結果的清單。

2. 程式執行後以亂數建立測驗試題並進行測驗。

   **1** randList 自訂程序會由所有題目中以亂數取出 10 題，將取出的試題儲存於 uselist 清單中。

   **2** goExam 自訂程序顯示測驗試題。

3. goExam 自訂程序會逐題顯示測驗試題讓使用者作答，作答完畢則顯示得分 及全部作答狀況讓使用者參考。

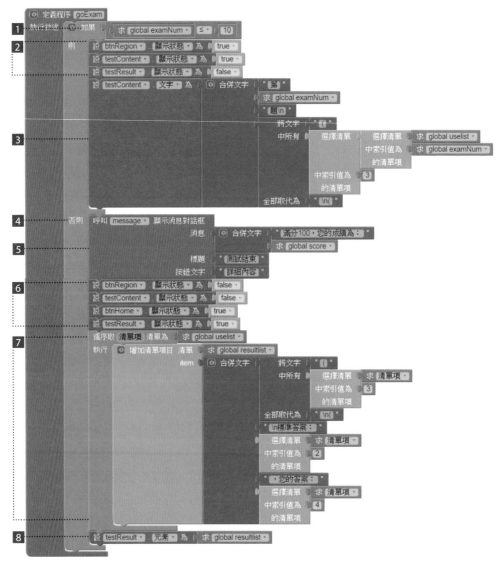

1 如果試題尚未顯示完畢就執行步驟 2 及 3 。

2 顯示試題區及選項按鈕區，隱藏作答結果區。

3 顯示題號及題目讓使用者作答。

4 如果作答完畢就執行步驟 5 到 8 。

5 以對話方塊告知使用者已作答完畢並顯示得分。

6 隱藏試題區及選項按鈕區，顯示作答結果區及 **回首頁** 按鈕。

7 建立作答結果清單。

8 顯示作答結果。

4. 使用者點選 **1**、**2**、**3** 按鈕就執行 choose 自訂程序比對答案正確性,並將所選答案以參數 answer 傳送給 choose 自訂程序。

5. choose 自訂程序比對答案正確性。

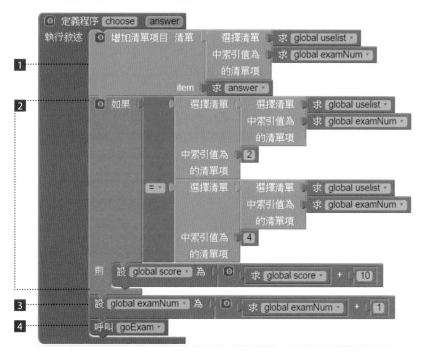

1. 將使用者選取的答案加到 uselist 成為第 4 個欄位。
2. 第 2 個欄位是標準答案,第 4 個欄位是使用者選取的答案,如相同就將總分加 10 分。
3. 將題號加 1。
4. 顯示下一題。

6. 使用者按 **回首頁** 鈕就關閉頁面回到主頁面。

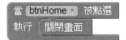

## 3.3.8 未來展望

為了簡化程式拼塊,題目總覽及題目速記使用指定範圍,在使用上會造成不便,因為使用者可能只想複習指定範圍題目,可以加入指定範圍題目功能:以兩個 **文字方塊** 元件讓使用者輸入啟始及結束題號即可。

本專題使用語音讀出題目時,只能唸一個題目,可以增加連續讀出題目功能,方便使用者以語音學習:只要在 **文字語音轉換器** 元件的 **朗讀結束** 事件中繼續讀下一題就能達成此功能。

# 雲端賓果遊戲 App

賓果遊戲是團康中常見的的經典遊戲，看到參與遊戲者那種專注的神情，以及同歡的氣氛，讓人不想佇足也難。

賓果遊戲玩法很簡單，想要玩的人先加入玩家清單中，按下 **開始遊戲** 鈕後，由亂數決定玩家選號的順序，隨後各玩家依序選號，號碼選取後會出現在所有玩家的賓果盤上，當玩家的橫、直、交叉連線總數達到賓果連線數即為賓果。

App Inventor 2 提供了一個雲端共用的 Firebase 資料庫，這個元件可以讓你將資料儲存在網路伺服器上，進而達到資料連線、儲存，甚至是分享的效果。

# 4.1 專題介紹：雲端賓果遊戲

賓果遊戲是團康中常見的的經典遊戲，看到參與遊戲者那種專注的神情，以及多人同歡的氣氛，讓人不想佇足也難。

這個專題我們就來製作一個這樣的遊戲，而且是雲端版，可以讓多人共同參與。

因為是雲端版，我們必須將所有遊戲訊息放置在雲端 ( 伺服器 )，最簡單的作法是透過 Firebase 資料庫。

下圖為兩人對戰的過程。當其中一人達到連線數 ( 本例為 2)，即會出現賓果畫面。

 **本專題需連結網際網路**

本專題會使用 Firebase 資料庫，需連上網路才能執行，如果未連上網路，則只有單機版的功能。

本專題最好是使用兩台以上實機對戰。

## 4.2 Firebase 資料庫

本專題將遊戲訊息儲存於 Firebase 資料庫中，再於程式拼塊中使用 FirebaseDB 元件進行資料存取。

### 4.2.1 Firebase 資料庫簡介

Firebase 資料庫公司成立於 2011 年 9 月，主要是提供雲端服務與後端即時服務，製造許多產品供開發人員打造網路或行動程式，最主要的產品為即時資料庫 Firebase，其 API 允許開發人員自不同的客戶端儲存與同步資料，成立才 3 年就吸引了近 11 萬用戶註冊。

2014 年底 Google 公司宣布買下 Firebase，並將相關技術納入 Google Cloud 平台，讓 Google Cloud 平台更容易打造網路與行動程式。

簡言之，Firebase 資料庫是一個雲端即時資料庫，其最特別之處在於：設計者可在應用程式中設定監聽事件，當 Firebase 資料庫的資料有變動時，應用程式會收到訊息，再根據訊息做出回應。

目前 Firebase 資料庫的免費方案為：

- 同時 100 個連線。
- 1 GB 儲存量。
- 10 GB 流量限制。

### 4.2.2 建立 Firebase 資料庫 APP

要建立 Firebase 資料庫必須先申請帳號，登入後才能使用 Firebase 資料庫。使用者可以在 Firebase 網站申請帳號，因 Firebase 已被 Google 公司收購，所以使用 Google 帳號也可以登入 Firebase 網站。大部分使用者應都已有 Google 帳號，使用 Google 帳號登入 Firebase 是最常用的方式；如果還沒有 Google 帳號，就先申請一個吧！

以 Google 帳號登入 Firebase 建立 Firebase 資料庫 APP 的操作為：

1. 於 Chrome 瀏覽器網址列輸入「https://www.firebase.com/」開啟 Firebase 網站，點選 **See our new website** 進入新的管理頁面，再按 **GET STARTED FOR FREE**，如果瀏覽器未記錄登入帳號密碼會切換到輸入帳號的頁面，輸入 Google 帳號再輸入密碼登入 Firebase 新的管理頁面。

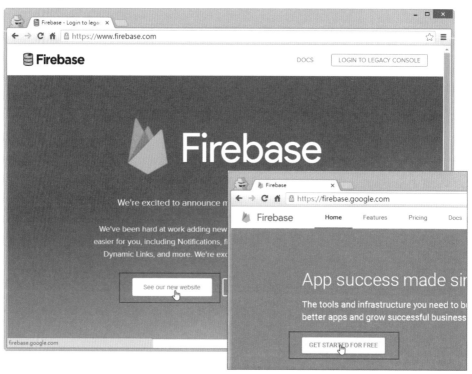

2. 按 **建立新專案** 鈕，在**建立專案** 對話方塊中，於 **專案名稱** 欄位輸入 APP 名稱，此名稱最少需 4 個字元，且不可重複，若不合規定會以紅色文字告知使用者，**國家 / 地區** 欄於下拉式選單中選擇 **台灣**，點選 **建立專案** 鈕建立 APP。

3. 專案建立完成後會自動進入該專案的管理頁面，點選 **Database** 會顯示該 **專案的網址** 和 **完整名稱**。系統會自動以 APP 名稱做為 Firebase 資料庫網址，若專案名稱長度不夠，系統會自動加入補充字元。

4. 也可以在專案中開啟下拉式選單，在下拉式選單選擇 **查看所有專案**、**建立新
   專案** 或選擇指定的專案開啟該專案。

5. 了解如何建立新專案之後，我們再建立另一個新的專案
   「AppInventorChiou」，配合後面的 App Inventor 的應用程式專案使用。

### 4.2.3 **新增 Firebase 資料庫資料**

Firebase 資料是以樹狀結構建立，可以建立多層次資料。每一筆資料是以「鍵 - 值 (Key-Value)」方式儲存，使用時可以「鍵」名稱來取得其對應的「值」。

## 建立第一層資料

最簡單的 Firebase 資料就是只有一層的資料，建立方法為：

1. 於 APP 管理頁面點選 **Database**，按專案名稱 **null** 右方 ✛ 圖示就會新增第一層資料，接著在 **名稱** 欄位輸入「鍵」名稱 (Key)，**值** 欄位輸入資料內容 (value)，點選 **新增** 鈕就會新增一筆資料。注意上方網址就是 Firebase 資料庫位址，此網址在 App Inventor 中會使用。

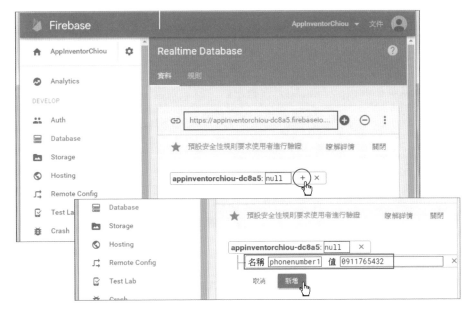

2. 若要再新增資料可點選 APP 名稱右方 ✛ 圖示重複步驟 1 操作。

3. 若要刪除資料可點選該筆資料右方 ✖ 圖示，再於確認對話方塊中點選 **刪除** 鈕即可刪除該筆資料。

## 建立第二層資料

App Inventor 中使用的 Firebase 資料是第二層的資料，此處以建立本章專題「雲端賓果遊戲」使用的資料為例，其操作步驟為：

1. 於 APP 管理頁面點選 APP 名稱右方 ✚ 圖示建立第一層資料標題，此標題預設為 App Inventor 專案名稱。此處在 **名稱** 欄位輸入「雲端賓果遊戲」的專案名稱「mypro_Bingo」，**值** 欄位不要輸入任何資料，點選右方 ✚ 圖示加入第二層資料。

2. 在第二層資料 **名稱** 欄位輸入「Bingo_UserList」(表示是所有加入遊戲者的清單),**值** 欄位輸入「"[\"chiou\",\"david\"]"」(這個清單包含 "chiou" 和 "david" 兩個遊戲者,「"」前面加入脫逸字元「\」,兩個遊戲者之間以「,」字元分隔),輸入後按 **新增** 鈕新增一筆資料。接著再點選第一層標題右方 ✚ 圖示建立第二筆資料。

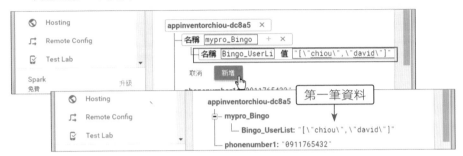

3. 第二筆資料 **名稱** 欄位輸入「Bingo_DataList」,**值** 欄位輸入目前遊戲的狀態「"[\"PLAY\",2,\"\",0,\"\"]"」,按 **新增** 鈕建立第二筆資料。

建立第三層、第四層、……資料的方法第二層資料相同。

> 🤖 **在 App Inventor 專案中直接建立 <mypro_Bingo> 資料**
>
> 上面在 **Firebase** 管理介面手動建立的 **<mypro_Bingo>** 資料,在 **App Inventor** 中可以由專案直接建立,只要設定 **FirebaseDB** 元件的 **FirebaseURL** 屬性為 Firebase 資料庫網址 ,例如:「**https://appinventorchiou-dc8a5.firebaseio. com/**」、**ProjectBucket** 屬性為「**mypro_Bingo**」即可,如果「**mypro_ Bingo**」資料已經建立,則新建立的資料將會覆蓋原有資料。

4. 建立的 Firebase 資料庫，預設只有自己擁有讀取和寫入的權限，如果要讓別人也可以讀取和寫入，就必須將 Firebase 資料庫的安全性規則定義成公開狀態，讓任何人都能讀取或寫入您的資料庫。點選 **Dababase** 後按 **規則**，將 read 和 write 權限由預設的「"auth != null"」更改為「true 」，如下：

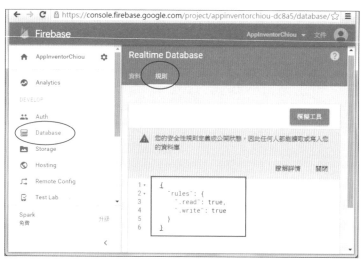

# 4.3 FirebaseDB 元件

App Inventor 2 提供 **FirebaseDB** 元件讓使用者輕鬆存取 Firebase 資料庫。**FirebaseDB** 元件目前仍屬於試驗階段，並非正式元件，所以歸類於 **試驗性質** 類別，將其拖曳到工作面板會顯示提示訊息。

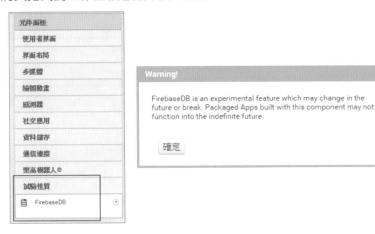

## 4.3.1 FirebaseDB 元件介紹

**FirebaseDB** 元件提供許多屬性、方法及事件讓使用者操作 Firebase 資料庫。

## FirebaseDB 元件常用屬性

| 屬性 | 說明 |
|------|------|
| **FirebaseToken** | 表徵碼，由系統自動產生，不要修改。 |
| **FirebaseURL** | Firebase 資料庫網址。 |
| **ProjectBucket** | Firebase 第一層資料標題，預設值為專案名稱。 |

 FirebaseURL 屬性只能在元件屬性視窗設定

**FirebaseDB** 元件的 **FirebaseURL** 無法以程式拼塊指定屬性值，只能在元件屬性視窗中設定，也就是必須在設計階段就設定 **Firebase** 資料庫網址，而且在執行過程中不能改變 **Firebase** 資料庫網址。

## FirebaseDB 元件常用方法

| 方法 | 說明 |
|---|---|
| 取得數值 | 取得指定標籤（鍵）的資料內容。 |
| 儲存數值 | 儲存資料內容給指定標籤（鍵）。 |
| Unauthenticate | 切換 Firebase 資料庫帳號時清除暫存區 (cache) 資料。 |

## FirebaseDB 元件常用事件

| 事件 | 說明 |
|---|---|
| 取得數值 | 使用者執行 **取得數值** 方法後觸發本事件以取得資料。 |
| DataChanged | 資料內容改變時觸發本事件 。 |
| FirebaseError | Firebase 資料庫產生錯誤時觸發本事件。 |

**FirebaseDB** 元件最強大的功能莫過於 DataChanged 事件，當 Firebase 資料庫中任何資料有變動時，所有安裝應用程式的行動裝置都會觸發 DataChanged 事件，並將更新過的資料傳送給行動裝置。設計者可在此事件中撰寫收到更新資料後的處理程式。

目前 App Inventor 模擬器還不支援 **Firebase** 元件，若專案中使用 **FirebaseDB** 元件，必須在實機中執行。

## 4.3.2 MIT 預設 Firebase 帳號

為了讓使用者不必申請 Firebase 帳號（包括 Google 帳號）就能測試 Firebase 資料庫，MIT 貼心提供一個預設 Firebase 帳號直接讓設計者使用。在 **FirebaseDB** 元件設定 FirebaseURL 屬性值為「DEFAULT」，或核選 **Use Default** 即可。

| 元件屬性 |
|---|
| FirebaseDB1 |
| FirebaseToken |
| eyJhbGciOiJIUzI1NiIsInR5 |
| FirebaseURL |
| DEFAULT |
| ☑ Use Default |
| ProjectBucket |
| test1 |

使用 MIT 預設 Firebase 帳號雖然很方便，但有資料私密性不佳的缺點，且無法手動在 Firebase 管理網頁中增刪資料。

## 範例：簡易聊天室

在不同手機中安裝本應用程式，輸入姓名及發言內容後按 **送出發言** 鈕，所有人的發言內容都會顯示於下方。按 **清空發言** 鈕會清除發言。(<ex_simplechat.aia>)

▲ 第一支手機

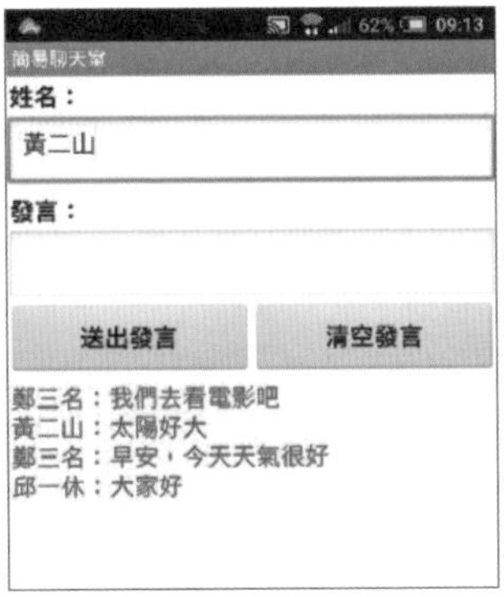


▲ 第二支手機

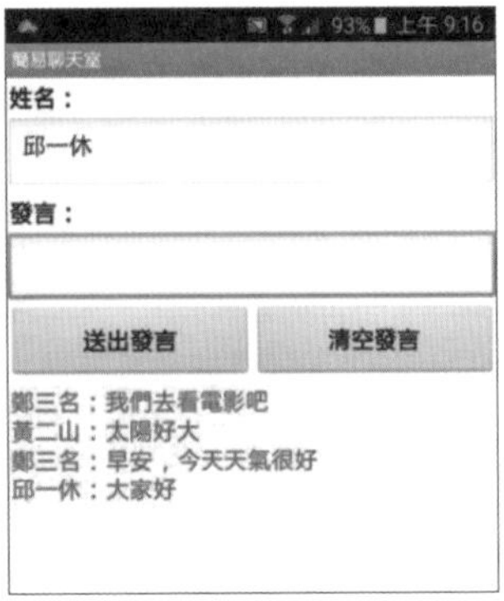


▲ 第三支手機

### » 介面配置

畫面布局上十分單純，只有 2 個按鈕、2 個文字方塊及 1 個標籤，重要的是在 **不可見元件** 區有一個 **FirebaseDB** 元件。

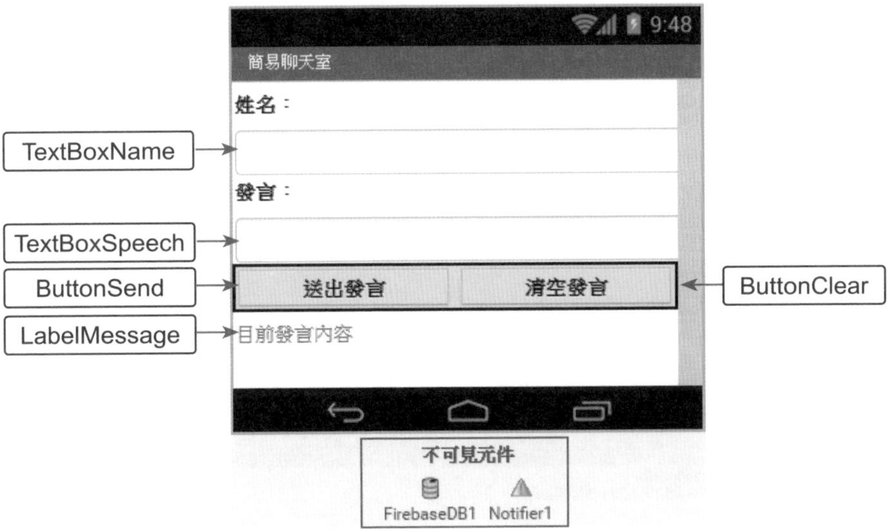

本專題因使用 FirebaseDB 元件，必須使用實機測試。

## » 程式拼塊

1. 使用者按 **送出發言** 鈕執行的程式拼塊。

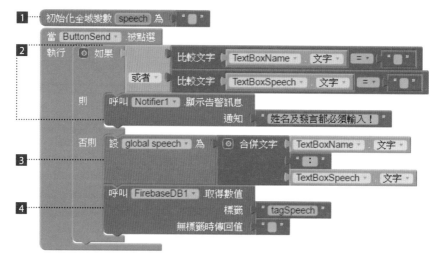

**1** 全域變數 speech 儲存發言姓名及內容組合後的字串。

**2** 發言姓名及內容都輸入才能送出發言。

**3** 組合發言姓名及內容後存於 speech 變數。

**4** 以 **取得數值** 方法讀取 Firebase 資料庫 tagSpeech 標籤資料內容。

2. 使用者執行 **取得數值** 方法後會觸發 **取得數值** 事件。

```
當 FirebaseDB1 ▾ 取得數值
標籤  value
執行  如果      比較文字  求 標籤 ▾  = ▾  " tagSpeech "
      則  設 TextBoxSpeech ▾ . 文字 ▾ 為  " █ "
          呼叫 FirebaseDB1 ▾ .儲存數值
                      標籤  " tagSpeech "
                    儲存值  合併文字  求 global speech ▾
                                   " \n "
                                   求 value ▾
```

**1** 若讀取的是 tagSpeech 標籤才執行 **2** 及 **3**。

② 清除發言內容以便繼續發言。

③ 將所有發言內容存入 Firebase 資料庫。

3. 使用者將發言內容存入 Firebase 資料庫造成資料內容改變，所有安裝本應用程式的行動裝置都會收更新後的資料，並觸發 **DataChanged** 事件，只要將發言內容顯示出來就更新完成。

4. 使用者按 **清空發言** 鈕就可將 tagSpeech 標籤的資料清除。

# 4.4 專題實作

賓果遊戲玩法很簡單,想要玩的人先加入玩家清單中,按下 **開始遊戲** 鈕後,由亂數決定玩家選號的順序,隨後各玩家依序選號,號碼選取後會出現在所有玩家的賓果盤上,當玩家的橫、直、交叉連線總數達到賓果連線數 ( 本專題為 2),即為賓果。

## 4.4.1 專題發想

本專題最大特色是將遊戲的訊息,包括目前的遊戲模式、輪到誰選號、上一次是誰選號、選什麼號碼以及是否有人賓果等資訊,都儲存於 Firebase 資料庫,也就是儲存在雲端 (Server) 上,每個 Client 端再定期從 Server 端取回比對,達到各玩家遊戲的互動。

## 4.4.2 專題總覽

我們以兩台實機為例,讓兩台行動裝置進行賓果遊戲。

專題路徑 : <mypro_Bingo.aia>。

在裝置 A 或 B 任何一端按下 **重置** 鈕 (A 和 B 都按下 **重置** 鈕也可以 ),主要目的是刪除原來線上玩家的名單,準備進行對戰。右下圖為輸入玩家姓名「chiou」後按 **加入遊戲** 鈕,加入成功後 chiou 會出現在線上名單中,並出現「您已加入遊戲!」訊息。

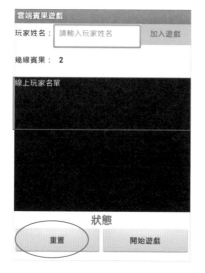 

同樣的方式，於另一台實機輸入姓名「David」後按 **加入遊戲** 鈕，加入成功後會出現在線上名單中，並出現「您已加入遊戲！」訊息。若按下 **退出遊戲** 鈕則可退出。

當所有的玩家都加入之後，只要有任何一個玩家按下 **開始遊戲** 鈕，即可進行賓果遊戲。

右下圖為按下 **開始遊戲** 鈕後玩家 David 出現的畫面，畫面上方出現「請選擇一個號碼！」閃爍文字提示玩家選號碼。賓果盤號碼 1~25 是以亂數產生，每個玩家的號碼都不相同。

另一玩家 chiou 的畫面則出現「請等待 David 選號！」閃爍文字，當玩家 David 選號碼後，其他玩家也會同時顯示這個號碼，並進行是否完成賓果的比對。

本專題中,我們已預設只要橫、直、交叉連線數總和達到 2 線即為賓果。右下圖為玩家 David 選取號碼 10 的畫面,選取之後,另一玩家 chiou 也將會出現號碼 10。隨後換玩家 chiou 出現「請選擇一個號碼!」閃爍文字,表示目前是輪到玩家 chiou 選號碼。

雙方對戰的過程:左下圖為玩家 chiou 兩線賓果,右下圖為玩家 David 只有 1 線的畫面。只要有任何一個玩家按下 **再玩一次** 鈕 ,即會進行下一輪的賓果遊戲。

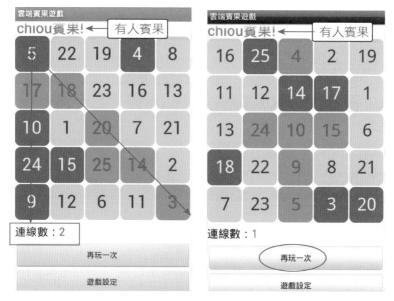

### 4.4.3 **介面配置**

本專題共有兩個頁面：PageSetup 遊戲設定頁面及 PageGame 遊戲進行頁面，設計時是把這兩個頁面都置於同一個 Screen 元件中，而將同一個頁面的元件都放在一個 VerticalArrangement 元件內，要顯示某一個頁面時，就將全部頁面隱藏，再顯示指定的頁面。

## PageSetup 遊戲設定頁面

遊戲設定頁面的所有元件都位於 PageSetup 垂直布局版面內，主要包含一個輸入玩家姓名的 **文字方塊**、顯示幾線賓果的 **文字方塊**、顯示所有玩家名單和遊戲狀態的 **標籤**，以及 **加入遊戲**、**重置**、**開始遊戲** 等三個按鈕。

此外，本專題用到許多的非視覺元件，包含 1 個 **計時器**、兩個 **對話框**、兩個 **音效** 和 1 個 **FirebaseDB** 元件。

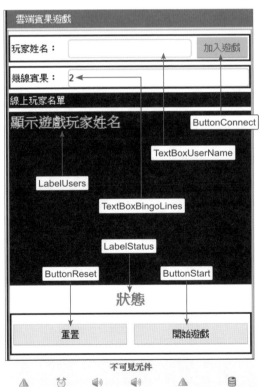

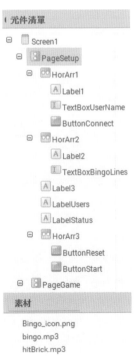

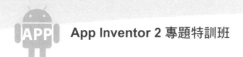 

## PageSetup 頁面使用元件及其重要屬性

| 名稱 | 屬性 | 說明 |
|---|---|---|
| Screen1 | AppName：mypro_Bingo<br>標題：雲端賓果遊戲<br>圖示：Bingo_icon.png<br>畫面方向：鎖定直式畫面 | 設定應用程式名稱、標題、圖示，螢幕方向為直向。 |
| TextBoxUserName | 文字：無<br>提示：請輸入玩家姓名 | 輸入玩家姓名。 |
| ButtonConnect | 文字：加入遊戲 | 加入遊戲按鈕。 |
| TextBoxBingoLines | 文字：2, 僅限數字：true | 顯示完成賓果的連線數。 |
| LabelUsers | 文字：顯示遊戲玩家姓名，<br>字元尺寸：20 | 顯示所有遊戲玩家姓名。 |
| LabelStatus | 文字：狀態，字元尺寸：20<br>文字顏色：紅色 | 顯示是否已加入遊戲。 |
| ButtonReset | 文字：重置 | 重新設定遊戲按鈕。 |
| ButtonStart | 文字：開始遊戲 | 開始進行遊戲。 |
| FirebaseDB1 | FirebaseURL：https://appinventorchiou-dc8a5.firebaseio.com/<br>ProjectBucket：mypro_Bingo | 這是筆者申請的 Firebase 資料庫，建議讀者改成自已申請的資料庫。 |
| Notifier1 |  | 確認是否要斷線。 |
| NotifierClose |  | 確認是否要結束應用程式。 |
| ClockBlink | 計時間隔：600 | 顯示提示輪到誰選號閃爍文字。 |
| Sound1 | 來源文件：hitBrick.mp3 | 接收到別的玩家選號的音效。 |
| SoundBingo | 來源文件：bingo.mp3 | 完成賓果音效。 |

## PageGame 遊戲進行頁面

遊戲進行頁面的所有元件都位於 PageGame 垂直布局版面內，主要包含一個顯示輪到誰選號碼的 **標籤**、1~25 共 25 個賓果號碼 **按鈕**、顯示賓果連線數的 **標籤**、顯示線上名單的 **清單選擇器**、**再玩一次** 和 **遊戲設定** 兩個按鈕，以及開發過程顯示除錯訊息的兩個 **標籤**。

## PageGame 頁面使用元件及其重要屬性

| 名稱 | 屬性 | 說明 |
|---|---|---|
| LastToken | 文字顏色：紅色，字元尺寸：20<br>文字：請選擇號碼： | 顯示輪到誰選號碼的訊息。 |
| Button1~Button25 | 寬度：62, 高度：64<br>字元尺寸：20, 文字：1~25 | 賓果號碼按鈕。 |
| LabelSep1~<br>LabelSep8 | 寬度：2 或 高度：2 | 每列或行按鈕間的間隔，用以美化表格。 |
| LabelLines | 寬度：50, 字元尺寸：20<br>文字：無, 文字顏色：藍色 | 顯示賓果的連線數。 |
| ButtonReplay | 文字：再玩一次 | 再玩一次按鈕。 |
| ListPickerUserList | 文字：線上名單 | 顯示所有的玩家。 |
| ButtonSetup | 文字：遊戲設定 | 遊戲設定按鈕。 |
| LabelSend | 文字：除錯用，顯示發送訊息 | 開發過程，顯示除錯訊息。 |
| LabelReceive | 文字：除錯用，顯示接收訊息 | 開發過程，顯示除錯訊息。 |

# 4.5 專題分析、程式拼塊佈置圖和說明

這個專題只有 1 個 Screen，Screen 包含 PageSetup、PageGame 兩個頁面，但因為是多人互動的玩戲，實際情況會比想像中複雜許多。

## 4.5.1 程式拼塊佈置圖

我們特別列出 Screen1 場景的程式拼塊佈置圖，方便讀者研讀。

| 定義遊戲開始場景全域變數 | | |
|---|---|---|
| Screen1. 初始化 | RandomNumList 自訂程序 | initList 自訂程序 |
| ButtonConnect. 被點選 | SwapNum 自訂程序 | Button1. 被點選 ~Button25. 被點選 |
| ShowUserList 自訂程序 | ShowButtonList 自訂程序 | |
| Notifier1. 選擇完成 | Reset_DataList 自訂程序 | ButtonClick 自訂程序 |
| ShowDebug 自訂程序 | StoreBingo_DataList 程序 | GetNextToken 自訂程序 |
| ButtonStart. 被點選 | ShowPage 自訂程序 | CheckBingo 自訂程序 |
| ButtonReset. 被點選 | NewGame 自訂程序 | CheckOneLine 自訂程序 |
| ButtonSetup. 被點選 | CheckPlayMode 自訂程序 | |
| ButtonReply. 被點選 | BlinkMessage 自訂程序 | |
| ClockBlink. 計時 | SplitBingo_DataList 程序 | |
| FirebaseDB1.DataChanged | ShowSend 自訂程序 | |
| Screen1. 被回壓 | ShowReceive 自訂程序 | |
| NotifierClose. 選擇完成 | | |

## 4.5.2 專題執行流程

這個專題使用主要是藉由 FirebaseDB 元件達成每個玩家間的通訊,當 Firebase
資料內容改變時,即會觸發 DataChanged 事件,在 DataChanged 事件中再依不
同的 name 名稱讀取其 value 後加以解析、處理。

Bingo_UserList 用以取得玩家名單,Bingo_DataList 則負責接收遊戲的狀態,
解讀指令是 STRATPLAY、PLAY 或 BINGO,並接收其他玩家選取的賓果號碼。

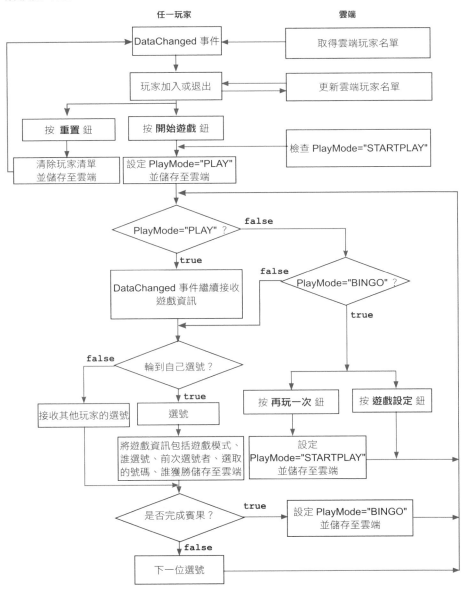

### 4.5.3 專題分析和程式拼塊說明

1. 定義全域變數一。

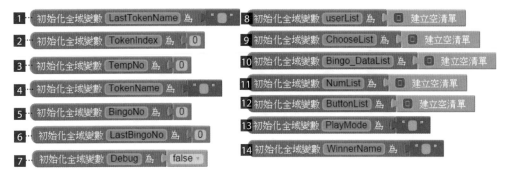

▣ LastTokenName 記錄最後選號的玩家姓名。

▣ TokenIndex 記錄輪到選號的玩家編號。

▣ TempNo 暫存賓果號碼。

▣ TokenName 記錄輪到選號的玩家姓名。

▣ BingoNo 記錄選擇的賓果號碼。

▣ LastBingoNo 記錄前一次選擇的賓果號碼。

▣ Debug 設定是否顯示除錯訊息。

▣ userList 儲存所有玩家的清單。

▣ ChooseList 記錄賓果號碼按鈕是否已選取的清單。

▣ Bingo_DataList 記錄賓果遊戲傳送的資訊，資訊是以清單格式儲存，每一筆資料包含目前的遊戲模式、輪到誰選號、上一次是誰選號、選什麼號碼以及是否有人賓果等資訊。

▣ NumList 是儲存 1~25 號碼的清單。

▣ ButtonList 是儲存 Button01~Button25 的元件清單。

▣ PlayMode 記錄目前遊戲的模式。

▣ WinnerName 記錄完成賓果的玩家姓名。

2. 定義全域變數二。

1 IsButtonClick 記錄玩家是否已選號。

2 TotalLines 記錄目前已連成幾線。

3 BingoLines 設定完成賓果的連線數。

4 Temp 暫存開發過程的一些中間狀態，我們仍將它保留，讓大家體會這些開發過程的技巧。

5 TempStr 暫存閃爍顯示的文字。

6 isOdd 控制字串閃爍的旗標。

3. 本專題因為是多人版本，情境較複雜。建議以 Debug=true 設定為除錯模式，設定後會在標題列顯示訊息，當玩家選號之後也會在螢幕下方以 LabelSend 標籤顯示傳送訊息，以 LabelReceive 標籤顯示接收訊息，方便追蹤執行過程，等專題完成後再以 Debug=false 將除錯模式取消。

4. 設定遊戲初始化的動作。

**1** 自訂程序 initList 將賓果號碼按鈕加入 ButtonList 清單中,同時設定 NumList 清單的內容由 1~25 依序排列,ChooseList 清單全部設為 false 表示該按鈕未被按下。

**2** 自訂程序 RandomNumList 將原 1~25 依序排列的 NumList 清單打亂。

**3** 自訂程序 ShowButtonList 顯示 1~25 賓果按鈕,因為按鈕文字是從 NumList 清單取得,因此按鈕的文字也會呈現亂數排列。

**4** 自訂程序 Reset_DataList 將遊戲重置,並寫入 Firebase 資料庫中。

5. 自訂程序 initList 將賓果號碼按鈕加入 ButtonList 清單中,並設定 NumList 、 ChooseList 清單內容。

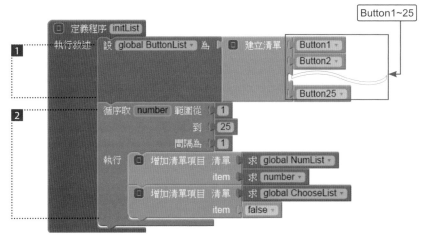

**1** 依序將 Button1~Button25 賓果號碼按鈕加入 ButtonList 清單中。

**2** 設定 NumList 清單的內容由 1~25 依序排列,ChooseList 清單全部設為 false 表示該按鈕未被按下。

6. 自訂程序 RandomNumList 將原 1~25 依序排列的 NumList 清單打亂。

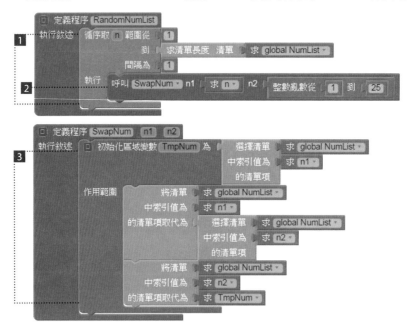

■1 依序取得 NumList 清單中的內容。

■2 將取得的內容和另一以亂數取得的清單內容交換。

■3 自訂程序 SwapNum 將兩數交換。

7. 自訂程序 ShowButtonList 顯示 1~25 賓果按鈕。

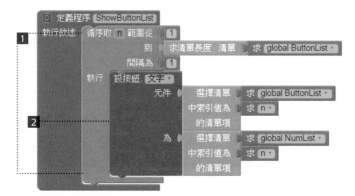

■1 依序取得 ButtonList 清單中的內容。

■2 設定按鈕文字為 NumList 清單內容，因為按鈕文字是從 NumList 清單取得，因此按鈕的數字 ( 號碼 ) 也會呈現亂數排列。

8. 自訂程序 Reset_DataList 將遊戲重置,並寫入 **網路微資料庫**。

1️⃣ PlayMode 記錄目前遊戲狀態,「PlayMode=""」表示遊戲尚未剛始,等按下 **開始遊戲** 鈕,即設定「PlayMode="STARTPLAY"」顯示新的賓果號碼準備進行遊戲,同時再設定「PlayMode="PLAY"」等待另外玩家也進行遊戲,當「PlayMode="PLAY"」即表示已開始進行遊戲,當「PlayMode="BINGO"」時表示有人完成賓果,遊戲即會結束。

2️⃣ TokenIndex 記錄輪到選號的玩家編號。

3️⃣ LastTokenName 記錄上次選號的玩家姓名。

4️⃣ BingoNo 記錄選擇的賓果號碼。

5️⃣ LastBingo 記錄前一次選擇的賓果號碼。

6️⃣ WinnerName 記錄完成賓果的玩家姓名。

7️⃣ 將資訊儲存在 Firebase 資料庫。

9. 自訂程序 StoreBingo_DataList 儲存遊戲資訊。Bingo_DataList 是由 PlayMode、TokenIndex、LastTokenName、BingoNo、WinnerName 組成的清單,再以 Bingo_DataList 標籤名稱儲存至 Firebase 資料庫中。

10. ButtonConnect 是一個加入遊戲、退出遊戲共用的按鈕，按下 **加入遊戲** 後變成 **退出遊戲** 鈕，按下 **退出遊戲** 後會變成 **加入遊戲** 鈕。

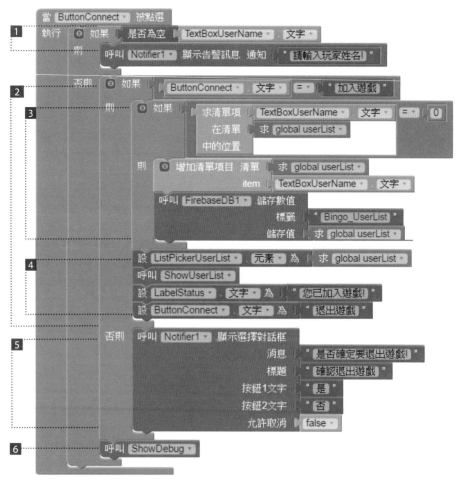

**1** 未輸入玩家姓名，顯示提示訊息。

**2** 按下 **加入遊戲** 鈕。

**3** 如果玩家姓名不在 userList 清單中，將玩家姓名加入 userList 清單中，並儲存至資料庫中。

**4** 將玩家姓名加入 ListPickerUserList 元件中，顯示所有玩家姓名、您已加入遊戲訊息，按鈕變成 **退出遊戲** 按鈕。

**5** 按下 **退出遊戲** 鈕，以 Notifier1 元件確認是否要退出。

**6** 在標題列顯示除錯的訊息。

11. 自訂程序 ShowUserList 在 LabelUsers 標籤上顯示所有玩家姓名。

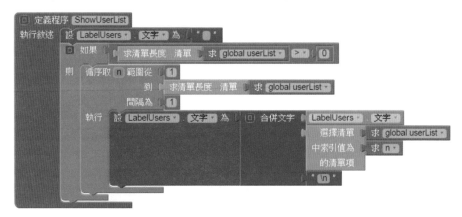

12. 確定退出遊戲的處理。

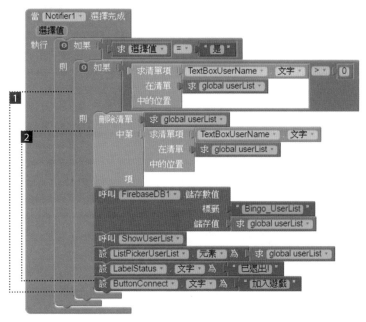

**1** 確認名單存在清單中才做退出的處理。

**2** 將玩家姓名從 userList 清單中移除，同時更新顯示名單、線上名單，最重要的是將名單送到 Firebase 資料庫中，這樣其他的玩家才知道已經有人退出。同時也將按鈕更改為 **加入遊戲** 鈕。

13. 自訂程序 ShowDebug 在標題列上顯示除錯訊息。包括 PlayMode 遊戲模式、TokenIndex 輪到誰選號 ( 編號 )、TokenName 輪到誰選號 ( 姓名 )、LastTokenName 前次選號的玩家姓名、BingoNo 選擇的賓果號碼、WinnerName 賓果 ( 勝利 ) 的玩家姓名。別小看這個小動作，在較複雜的專案開發中，這是很重要的技巧。

```
定義程序 ShowDebug
執行敘述    如果    求 global Debug
           則    設 Screen1 . 標題 . 為    合併文字    合併文字    " Mode= "    求 global PlayMode
                                                      合併文字    " ToIdx= "
                                                                求 global TokenIndex
                                                                合併文字    " ( "
                                                                          求 global TokenName
                                                                          " ) "
                                                      合併文字    " LTo= "    求 global LastTokenName
                                                      合併文字    " Bg= "    求 global BingoNo
                                                      合併文字    " Win= "    求 global WinnerName
```

14. 按下 **開始遊戲** 鈕的處理。

```
當 ButtonStart . 被點選
執行    如果    求清單長度 清單    求 global userList    >    0
1
      則    設 global TokenIndex . 為    整數亂數從    1    到    求清單長度 清單    求 global userList
2     設 global PlayMode . 為    " STARTPLAY "
      設 global LastTokenName . 為    " "
      設 global BingoNo . 為    0
      設 global LastBingoNo . 為    0
      設 global WinnerName . 為    " "
      設 global TokenName . 為    選擇清單    求 global userList
                                  中索引值為    求 global TokenIndex
                                  的清單項
      呼叫 StoreBingo_DataList
3     設 ClockBlink . 啟用計時 . 為    true
4     呼叫 ShowPage . PageSetup    false    PageGame    true
      設 ListPickerUserList . 顯示狀態 . 為    true
      設 ButtonReplay . 顯示狀態 . 為    false
      設 ButtonSetup . 顯示狀態 . 為    false
5     設 global BingoLines . 為    TextBoxBingoLines . 文字
6     呼叫 NewGame
      呼叫 ShowDebug
```

**1** 確認玩家存在才處理。

2 遊戲開始，以亂數決定誰先選號，TokenIndex 是從 userList 清單中以亂數任意選出的一位玩家編號。

設定遊戲資訊為遊戲模式 PlayMode="STARTPLAY"、前次選號的姓名 LastTokenName=""、選擇的賓果號碼 BingoNo=0、前次選取的賓號號碼 LastBingoNo=0、勝利玩家姓名 WinnerName=""，均先清除重置。

TokenName 記錄輪到誰選號，就是前面以亂數產生的玩家姓名，然後將遊戲資訊儲存 Firebase 資料庫中，其他的玩家透過 FirebaseDB 元件的 DataChanged 事件讀取這些資訊後，即可知道目前的遊戲狀態。

3 閃爍顯示文字的計時器 ClockBlink。

4 隱藏 PageSetup 頁面，顯示 PageGame 頁面。顯示 **線上名單** 鈕，隱藏 **再玩一次、遊戲設定** 鈕。

5 取得完成遊戲必須的連線數，本例預設為 2，即只要橫、直、交叉連線數到達 2 即為賓果。

6 建立新的遊戲、顯示除錯訊息。

15. 自訂程序 ShowPage，依接收的參數 PageSetup、PageGame 為 true 或 false 決定是否顯示該頁面。

16. 自訂程序 NewGame 建立新的遊戲。

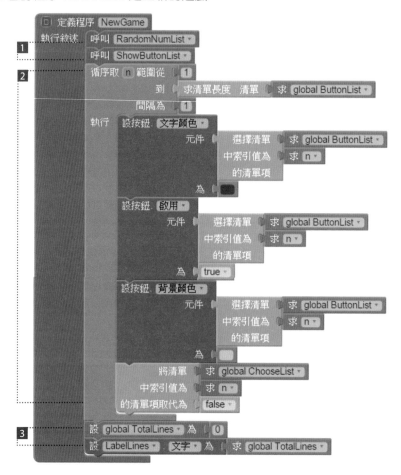

**1** 將 NumList 清單打亂、顯示 1~25 賓果號碼按鈕。

**2** 設定按鈕的顯示格式為灰底、黑色文字,並設定按鈕可以被選按,同時也重設 ChooseList 清單為 false,表示所有的按鈕都尚未選按。

**3** 設定剛開始的連線數為 0。

17. 開始進行遊戲。

當玩家按下 **加入遊戲** 按鈕 (第一次執行，每一個玩家都必須先按 **加入遊戲** 鈕)，即會將玩家清單 userList 儲存到 Bingo_UserList 標籤中，同時 FirebaseDB1 元件的 DataChanged 事件會被觸發，並開始接收 Bingo_DataList 標籤的資料，Bingo_DataList 標籤中包含重要的 PlayMode 指令，遊戲未開始設 PlayMode=""。

接收到 PlayMode="STARTPLAY" 的步驟如下：

當有任何一個玩家按 **開始遊戲** 鈕，即會送出 PlayMode="STARTPLAY" 至 Firebase 資料庫中，所有的玩家在 DataChanged 事件觸發後，即會接收此一 PlayMode="STARTPLAY" 訊息 (包含在 Bingo_DataList 標籤中)。

CheckPlayMode 自訂程序就是檢查是否已進入 PlayMode="STARTPLAY" 狀態，只要有任何一個玩家按下 **開始遊戲** 鈕，即會建立新的賓果遊戲，準備開始進行遊戲。

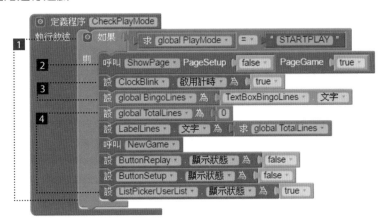

■1 如果 PlayMode="STARTPLAY" 表示已準備開始進行遊戲。

■2 隱藏 **遊戲設定** 頁面、開啟 **遊戲進行** 頁面。

■3 啟動 ClockBlink 計時器，因此 LabelToken 標籤中的提字文字會閃爍顯示。

■4 建立新的遊戲，隱藏 **再玩一次**、**遊戲設定** 鈕，顯示 **線上名單** 鈕，取得完成賓果的連線數，並設定目前的連線數為 0。

18. 閃爍顯示 LabelToken 標籤中的提字文字。ClockBlink 每 0.6 秒觸發一次,並以 isOdd 控制輪流顯示 **1** 或 **2** 的程式拼塊。

**1** 如果 isOdd=true,先將 LabelToken 標籤中文字存至 TempStr 中,並清除 LabelToken 標籤,同時設定 isOdd=false。

**2** 如果 isOdd=false,取回儲存在 TempStr 中的文字,並設定 isOdd=true。

19. 進行遊戲後,即可按下 1~25 的號碼按鈕。總共有 25 個按鈕事件,我們只列出兩個,所有按鈕都呼叫 ButtonClick 自訂程序,並傳遞參數,Button1 傳遞 1,Button2 傳遞 2,依此類推 Button25 傳遞 25。

20. 自訂程序 ButtonClick。

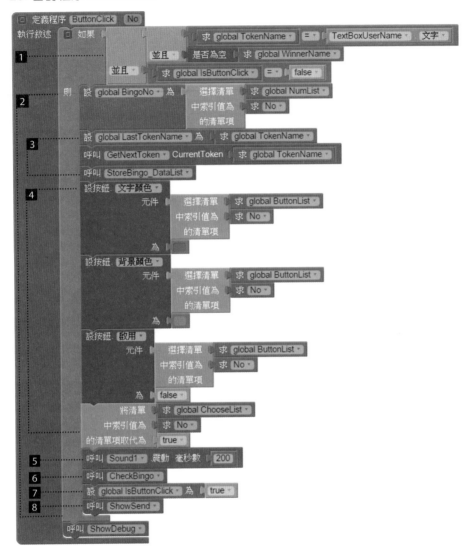

**1** 允許選號必須同時具備下列 3 個條件：

第一個條件是輪到自己選號：TokenName 記錄輪到誰選號，只有輪到的玩家才有選號權。

第二個條件是尚未完成賓果：也就是說，當有任何玩家完成賓果後就必須停止選號 (WinnerName 不等於空白字串)。

第三個條件是 IsButtonClick=false：IsButtonClick 是在 FirebaseDB1

的 DataChanged 事件中判斷,如果是輪到自己選號就設 IsButtonClick=false,否則就設 IsButtonClick=true。

**2** 依按鈕的索引編號 No 取得賓果號碼 BingoNo ( 即按鈕上的數字 )。

**3** 以 LastTokenName 記錄最後選號的是誰,並以 GetNextToken 自訂程序依序取得下一個選號者並放入 TokenName 變數中,再將這些資訊傳送到伺服器上。

**4** 將選取的號碼以綠底紅字顯示,同時設定該按鈕無法選按。

**5** 產生震動。

**6** 檢查是否完成賓果。

**7** 當選號之後就設 IsButtonClick=true 避免連續多次選號。

**8** 以除錯模式顯示傳送資訊。

21. 自訂程序 GetNextToken 找出下一位輪到選號的玩家姓名。

**1** 換下一位。

**2** 如果超出 userList 長度,修正為第一位。

**3** 以全域變數 TokenName 記錄下一位輪到選號的玩家姓名。

22. 自訂程序 BlinkMessage 閃爍顯示指定的文字。

**1** 參數 str 接收要顯示的文字。

**2** 設定 isOdd=true 讓第一次顯示時先出現文字 ( 而不是清除文字 )。

**3** 將要顯示的文字放在 LabelToken,因為真正顯示的標籤是 LabelToken,並以紅色顯示之。

23. 自訂程序 CheckBingo 檢查是否有人完成賓果。

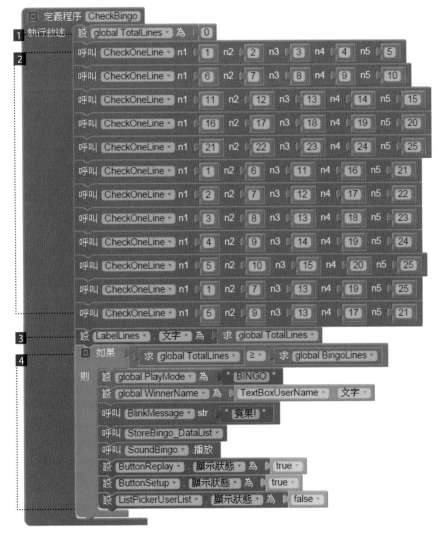

**1** TotalLines 記錄總共的連線數,先清除為 0 後再計算。

**2** 檢查橫、直、交叉是否連線。

**3** 顯示連線數。

**4** 如果連線數超過 2,表示已經完成賓果。提示訊息顯示「賓果!」,播放賓果的音效,顯示 **再玩一次**、**遊戲設定** 鈕,隱藏 **線上名單**,最重要的是設定 PlayMode="BINGO"、將完成賓果的人記錄至 Winner 變數中,並以

StoreBingo_DataList 將資訊儲存到伺服器,這樣其他的玩家透過下載解析後就知道有人完成賓果,以及是誰完成了賓果。

24. 自訂程序 CheckOneLine 檢查 5 個號碼是否連成一線,若連成一線就將 TotalLines 增加 1。

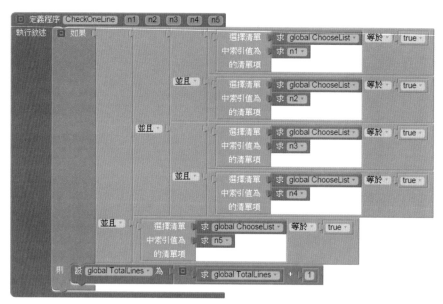

25. 自訂程序 ShowSend 設定在除錯模式時,以 LabelSend 標籤顯示傳送訊息。

26. Firebase 資料庫的資料內容改變時會觸發 FirebaseDB1 的 DataChanged 事件，在此事件中分別讀取伺服器端的 Bingo_UserList 和 Bingo_DataList 標籤，並加以解析。這是本專題最核心的部分，由於拼塊太大，我們將它切成兩部分說明。

第一部分：讀取伺服器端的 Bingo_UserList 和 Bingo_DataList 標籤，解讀遊戲模式是 STARTPLAY、BINGO 或 PLAY 模式。

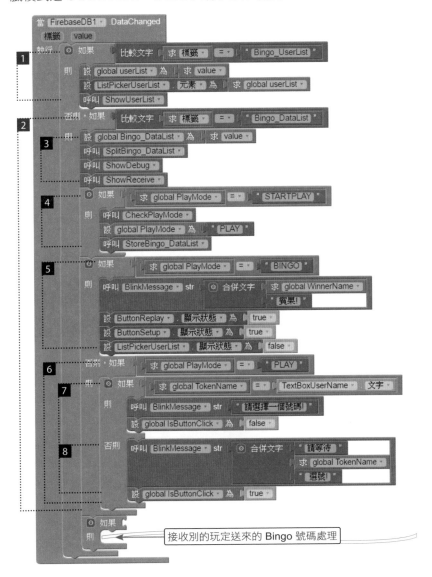

1 讀取 Bingo_UserList 標籤，儲存至 userList 清單中，設定為線上名單，並顯示所有的玩家名單。

2 Bingo_DataList 標籤的讀取。

3 讀取 Bingo_DataList 標籤，並將清單分解為字串，包括 PlayMode、TokenIndex、LastTokenName、BingoNo、WinnerName，同時顯示除錯的資訊。

4 如果接收到 STARTPLAY 指令，呼叫自訂程序 CheckPlayMode 建立新的賓果遊戲，同時設定 PlayMode="PLAY" 並儲存至 Firebase 資料庫，開始進行賓果遊戲。

5 如果接收到 BINGO 指令，閃爍顯示「賓果！」訊息、顯示 **再玩一次**、**遊戲設定** 按鈕，隱藏 **線上名單**。

6 如果接收到 PLAY 指令，開始進行賓果遊戲。

7 如果是輪到自己選號，閃爍顯示「請選擇一個號碼！」訊息，同時設定 IsButtonClick=false 表示可以選號。

8 如果不是輪到自己選號，閃爍顯示「請等待 OOO 選號！」訊息，同時設定 IsButtonClick=true 表示不允許選號。

第二部分：接收其他玩家選號後傳送的賓果號碼。

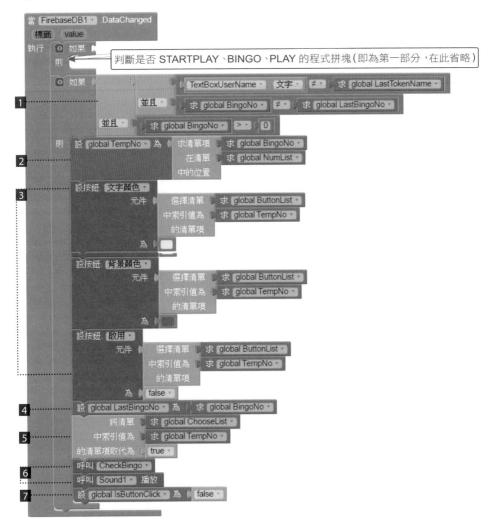

判斷是否 STARTPLAY、BINGO、PLAY 的程式拼塊 ( 即為第一部分，在此省略 )

**1** 要接收其他玩家選按後傳送的賓果號碼，有幾個條件限制：

第一個條件：TextUserName 不等於 LastTokenName，表示不是輪到選按賓果號碼的玩家。

第二個條件：BingoNo 不等於 LastBingoNo，當第一次接收時會在 **4** 設定 LastBingoNo=BingoNo，目的是控制第二次以後同樣的號碼不可以再接收。

第三個條件：必須是 BingoNo>0( 因為初始設定 BingoNo=0 )，如果未設此條件限制，會因 BingoNo=0 產生錯誤動作。

2 找出 BingoNo 在 NumList 清單的索引位置,也就是第幾個按鈕,並存在 TempNo 變數中。

3 以藍底黃字顯示接收的按鈕號碼,並設定該按鈕不可選按。

4 設定 LastBingoNo=BingoNo,控制第二次以後同樣的號碼不可以再接收。

5 設定 ChooseList 中該元素值為 true,表示該按鈕已被選按。

6 播放接收的音效,並檢查是否已完成賓果。

7 設定 IsButtonClick=false 表示讓自己可以選號。筆者一直覺得在這裡設定「IsButtonClick=false」這個動作是多餘的,但反覆實測,發現若未加入此設定有可能會產生 bug,使得所有的玩家都無法選按賓果號碼,而且這個 bug 很難測出,猜測應該是網路資料庫傳輸延遲所產生的問題。

27. 自訂程序 SplitBingo_DataList 將 Bingo_DataList 清單值設定給字串變數。

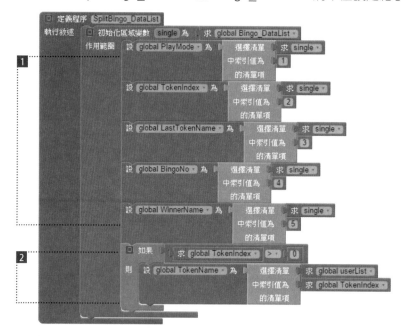

1 依序將清單值設定給字串變數 PlayMode、TokenIndex、LastTokenName、BingoNo 和 WinnerName。

2 TokenIndex 是輪到選號的玩家編號,依編號取得玩家姓名並存至 TokenName 變數中。

28. 自訂程序 ShowReceive 在除錯模式時以 LabelReceive 標籤顯示傳送訊息。

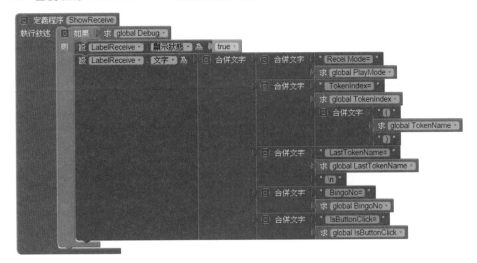

29. 按下 **重置按鈕** 的處理。

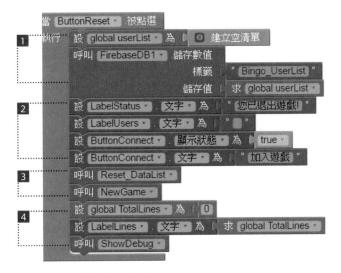

1 清除玩家清單,並寫回資料庫中。

2 顯示 **加入遊戲** 鈕、「您已退出遊戲!」訊息。

3 重設遊戲資訊,產生新的遊戲。

4 設定及顯示連線數為 0,並顯示除錯訊息。

30. 按行動裝置上的 **返回** 鍵 (「**<**」) ，會彈出確認結束應用程式的對話方塊，在對話方塊中按 **Yes** 鈕則會結束應用程式。

31. 按下 **遊戲設定、再玩一次** 鈕的處理。

**1** 顯示 **遊戲設定** 頁面、隱藏 **遊戲進行** 頁面。

**2** 按下 **再玩一次** 鈕後，以亂數產生一位下一輪遊戲的第一位選號玩家，並清除遊戲資訊後，傳送到伺服器上。同時設定 PlayMode="STARTPLAY" 準備進行下一輪的遊戲。

**3** 按下 **再玩一次** 鈕後，將該按鈕隱藏。

## 4.5.4 未來展望

本專題在第一版開發時是使用 **網路微資料**，過程曾發生瓶頸，原先是利用很多字串型別的 **標籤** 不斷存取 **網路微資料**，但出現讀取資料延時的問題。後來將所有的 **標籤** 改為用 **清單** 型別，減少存取的次數，才得以解決。

現在第二版我們改用 Firebase 資料庫，它和原來的 **網路微資料** 使用語法幾乎相同，而且還多了 DataChanged 事件可使用，只在資料庫資料改變時才讀取資料庫，而不必以計時器不斷的讀取資料庫，在效能上有顯示的提昇。

本專題中，因為遊戲互動部分最複雜，我們將重點都放在這個最核心的部分，至於 UserList 管理，以及改變幾線賓果部分，則仍待加強，讀者可以試試改進之。

# MEMO

# 臺北市旅館查詢 App

自從臺北市政府建立開放資料平台之後，應用此公開
資料開發的應用程式便如雨後春筍般冒出，確實為民
眾帶來許多便利。本專題使用臺北市政府開放資料平台
的「OK 認證 - 旅館業」資料建立旅館查詢應用程式，
提供旅客安全的旅館住宿資料，並且將地址資料連結
Google Maps 地圖，可在地圖上顯示旅館地點，讓使用
者能輕易到達目的地。

# 5.1 專題介紹：來去台北住一晚

本專題使用臺北市政府開放資料平台的「OK 認證 - 旅館業」資料，建立旅館查詢應用程式，提供旅客安全的旅館住宿資料，並且將地址資料連結 Google Maps 地圖，可在地圖上顯示旅館地點，使用者可輕易到達目的地。

左下圖為各區名稱列表，點選各區名稱會進入分區旅館列表頁面，並在標題上顯示該區旅館總數，右下圖為台北市松山區的旅館列表。

旅館資料是以 **清單顯示器** 顯示，將捲軸上、下捲動可看到更多的旅館資料。當按下要查詢的旅館資料時會以 Google Maps 地圖顯示該旅館位置。

## 5.2 臺北市開放資料平台

政府資訊公開 (Open Government) 在世界各國蔚為風潮，更成為觀察一個政府是否具有效率的重要指標。臺北市為加速流通及擴大公開資料 (Open Data) 的加值運用，特別成立「臺北市政府開放資料平台」，整合臺北市公開資料於單一入口網站以供大眾利用。 公開資料以市民生活應用為原則，資料類型包含交通運輸、行政、公共安全、教育、文化藝術、健康、環境保護、商業經濟、住房建築、場地設施等。

### 5.2.1 開放資料平台首頁

臺北市政府提供公開資料讓需要者查詢，也提供 JSON 資料讓開發人員介接，鼓勵優秀的學生與具有商業潛力的個人、企業等，利用臺北市公開資料開發更多有趣的、實用的、有價值的應用軟體程式與服務，使更多人享受公開資料的便利。臺北市政府開放資料平台首頁的網址為「http://data.taipei.gov.tw」。

其中 **使用規範** 項目說明開放資料平台建立的目的、授權方式及範圍、使用限制、權利歸屬、使用者承諾事項，開發者使用公開資料前最好詳閱相關事項，即可安全使用公開資料。

## 5.2.2 資料瀏覽

在臺北市政府開放資料平台首頁 **最新資料** 按 **更多資訊**，就會以分頁方式顯示所有資料列表。

本章範例使用的「OK- 認證旅館業」，在右上方的 **資料搜尋** 欄位輸入「**旅館業**」快速搜尋。

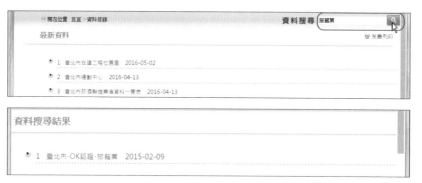

如果要下載資料，按 **檔案下載** 右方的網址，下載的檔案為 <opendata.zip>，解縮壓後主要包含一個 CSV 格式資料。若按 **資料介接** 右方的網址，會顯示 JSON 格式資料。( 註：請將瀏覽器的編碼設定為 **Unicode**。)

回到資料使用頁面按 **進階顯示** 鈕，就會以分頁方式顯示所有旅館資料：

也可以選擇下載 JSON、XML 或 CSV 格式的資料。

# 5.3 專題重要技巧

本專題必須使用 **Web 客戶端** 元件讀取臺北市政府開放資料平台中的旅館資料，資料格式為 json，再從 json 資料中分析擷取需要的資料。如果想要在應用程式中顯示網頁，可以利用 **Web 瀏覽器** 元件嵌入頁面，或是利用 **Activity 啟動器** 元件加入超連結。

## 5.3.1 嵌入網頁：Web 瀏覽器元件

**Web 瀏覽器** 元件的功能很像是網頁裡的 iframe，拖曳 **使用者界面 / Web 瀏覽器** 以加入 **Web 瀏覽器** 元件，然後在 **元件屬性** 面板 **首頁位址** 屬性填入網址，即可在 **Web 瀏覽器** 元件的區域顯示指定網頁。

您也可以在程式拼塊中以動態方式設定 **Web 瀏覽器** 要顯示的網址，例如下圖：WebViewer1 是一個 **Web 瀏覽器** 元件，只要設定 WebViewer1 元件的 **首頁位址** 屬性為「http://www.google.com」，按下 **Button1** 按鈕即可瀏覽網站。

讀者可自行開啟 (<ex_WebView.aia>) 範例參考。

## 5.3.2 加入超連結：Activity 啟動器元件

我們也可以使用 **Activity 啟動器** 元件在程式中加入超連結：

1. 拖曳 **通信連接 / activity 啟動器** 加入 **Activity 啟動器** 元件，預設會產生 **activity 啟動器 1** 元件。

2. 在 **activity 啟動器 1** 元件屬性面板上設定：**Action** 屬性為「android.intent. action.VIEW 」代表使用瀏覽器，**DataUri** 屬性為網址。

3. 在程式拼塊中以 **啟動活動對象** 方法啟動 **Activity 啟動器**，例如：在程式初始時啟動 **activity 啟動器 1**，完成後程式執行即會連結至指定網站。

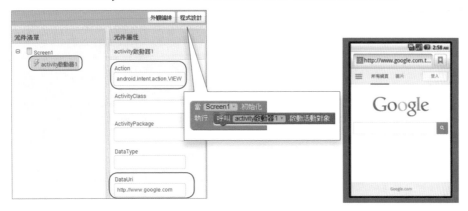

如果希望直接在程式拼塊中完成這些動作，可以在處理編排模式的元件屬性面板將 **Action**、**DataUri** 屬性設定取消，改在程式拼塊中同時設定 **Action**、**DataUri** 屬性，最後再以 **啟動活動對象** 方法啟動執行。例如下圖：在 TextBoxUri 輸入「http://www.e-happy.cow.tw/」，按下 **ButtonLink** 按鈕即可瀏覽「文淵閣」網站。

讀者可自行開啟 (<ex_ActivityStarter.aia>) 範例參考。

## 5.3.3 各種不同的超連結

事實上，以「 Action=android.intent.action.VIEW」設定使用瀏覽器，只要以 DataUri 設定不同的網址，就可設定各種不同的超連結。

### 啟動 e-mail

例如：以 mailto 啟動 e-mail 撰寫郵件，收件者為「chiou@e-happy.com.tw」。

```
Action：android.intent.action.VIEW
DataUri：mailto:chiou@e-happy.com.tw
```

mail 也可以設定主旨。例如：設定 mail 主旨為「mail test」。

```
Action：android.intent.action.VIEW
DataUri：mailto:chiou@e-happy.com.tw?subject=mail test
```

## Google 地圖

以 geo 則可以設定緯、經度，導覽至指定的定位點。例如：定位至「台北101」，其中 z 為 zoom 大小，範圍由 1~23。

```
Action：android.intent.action.VIEW
DataUri：geo:25.033611,121.565000?z=17
```

如果知道地址，也可以直接利用地址搜尋。例如：以「台北市信義區信義路五段7 號 89 樓」設定導覽至「台北 101 」。

```
Action：android.intent.action.VIEW
DataUri：geo:0,0?q=台北市信義區信義路五段 7 號 89 樓
```

## 播放 YouTube

設定 YouTube 影片連結，就可以播放 YouTube 影片。例如：播放「https://www.youtube.com/watch?v=iUcDfetGLHM」影片。

```
Action=android.intent.action.VIEW
DataUri：https://www.youtube.com/watch?v=iUcDfetGLHM
```

## 5.3.4 Web 客戶端元件擷取網頁資料

**Web 客戶端** 元件可以讀取指定網站的資料，讀取的資料為文字檔格式。

### 讀取指定網站的資料

只要設定 **Web 客戶端** 元件的 **網址** 屬性，再透過 **執行 GET 請求** 方法讀取，當 **執行 GET 請求** 方法讀取時會觸發 **取得文字** 事件，並以文字傳回指定網站的原始碼。例如：以 **Web 客戶端** 元件讀取「文淵閣工作室」網站原始碼，**網址** 請設定為「http://www.e-happy.com.tw/」。

**網址** 屬性也可以動態輸入，例如：以 TextBox1 輸入網址「http://www.e-happy.com.tw」。當按下 **Button1** 鈕，開始以 **執行 GET 請求** 方法讀取該網站的原始碼。

## 以取得文字事件取得資料

**執行 GET 請求** 方法讀取時會觸發 **取得文字** 事件，並以參數 **回應內容** 取得資料，參數 **回應類型** 為取得的資料型態，參數 **回應程式碼** 代表讀取狀態，**回應程式碼**=200 表示已成功取得資料。下面範例將讀取的資料顯示在 Label1 標籤中。

讀者可自行開啟 (<ex_Web.aia>) 範例參考。顯示結果如下：

## 5.3.5 **Web 客戶端元件擷取 json 資料**

**取得文字** 事件讀取的資料，預設讀取的資料格式為純文字，如果讀取資料為 json 格式，則必須使用 **解碼 JSON 文字 (JSON 文字 )** 方法轉換；同理，如果讀取資料為 XML 格式，則必須使用 **XMLTextDecode(XMLText)** 方法轉換。資料是以清單的方式傳回，如果要取得指定欄位的資料，則必須再從清單中加以擷取。例如：讀取 json 格式資料並以 **解碼 JSON 文字 (JSON 文字 )** 方法轉換。

### ▼ 範例：讀取 **json** 格式資料

以 json 格式讀取臺北市開放資料平台「旅館資料」，並取得第一家旅館資料，再依旅館地址導覽至第一家旅館。(<ex_TaipeiHotel.aia>)

## » 使用元件及其重要屬性

| 名稱 | 屬性 | 說明 |
|------|------|------|
| ButtonShowJson | 文字：顯示全部資料 | 按下按鈕顯示讀取的 json 資料。 |
| ButtonShowGoogle | 文字：Google 地圖 ( 第一家旅館 ) | 按下按鈕導覽至第一家旅館。 |
| LabelJson | 文字：Show Data | 顯示讀取的 json 資料。 |
| Web1 | 無 | 讀取 json 資料的元件。 |
| ActivityStarter1 | Action: android.intent.action.VIEW | Google 地圖導覽。 |

## » 程式拼塊

1. 變數宣告。

**1** JsonData 清單儲存取回的 json 資料。

**2** Address 儲存第一區第一個欄位的地址。

2. 按 **顯示全部資料** 鈕，以 **執行 GET 請求** 方法自動取得臺北市旅館的公開資料。

實際取得資料的是 **取得文字** 事件。

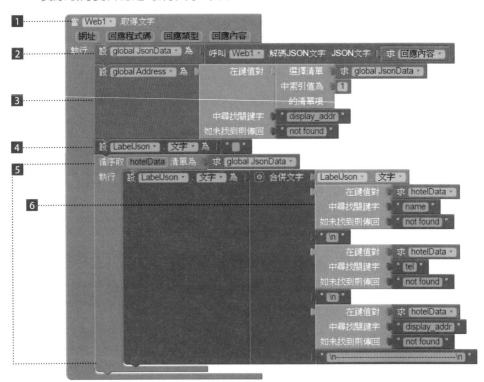

1 參數 **回應內容** 會取得讀取的文字資料。

2 以 **解碼 JSON 文字 (JSON 文字 )** 方法將資料轉換為 json 格式,以陣列的方式存入指定的清單 JsonData 之中。我們詳細將資料的格式分析如下:

每筆資料共有 8 個欄位，每個欄位格式為「( 欄位名稱 欄位內容 )」，中間以空白字元分隔，例如：(X 121.51187519464591)，欄位名稱為 X，欄位內容為 121.51187519464591。

**3** 取得第一筆資料，這一筆資料實際就是第一家旅館的 json 資料，索引值 =1 取得第一筆，索引值 =2 則取得第二筆，依此類。

要取得指定欄位的資料，除了以索引編號取得外，最方便的方式就是以鍵值對讀取。設定尋找關鍵字為「display_addr」欄位資料，即可取得該筆資料，即「台北市大同區延平北路 1 段 121 號」。

**4** 以 LabelJson 標籤顯示包含所有旅館的 json 資料。

**5** 依序讀取所有的 json 資料，每個 hotelJson 就是一家旅館資料。

**6** 每一家旅館有 8 個欄位，以鍵值對可以讀取指定欄位資料，例如：「name」讀取旅館名稱，相同的方式分別以「tel」、「display_addr」取得電話和地址。

3. 按 **Google 地圖 ( 第一家旅館 )** 鈕，依取得的地址顯示該旅館的地圖。

## 5.4 專題實作：來去台北住一晚

自從臺北市政府建立開放資料平台之後，應用此公開資料開發的應用程式如雨後春筍般冒出，確實為民眾帶來許多便利。

### 5.4.1 專題發想

本專題使用臺北市政府開放資料平台的「OK 認證 - 旅館業」資料，建立旅館查詢應用程式，提供旅客安全的旅館住宿資料，並且將地址資料連結 Google Maps 地圖，可在地圖上顯示旅館地點，使用者可輕易到達目的地。

### 5.4.2 專題總覽

啟動「來去台北住一晚」臺北市旅館查詢系統，首頁顯示各區名稱列表，右方括號內的數字是該區的旅館數目，點選各區名稱會進入分區旅館列表頁面。點選上方的 **顯示分區統計** 鈕可顯示各區名稱列表和統計，旅館資料包括「名稱、地址及電話」，按下旅館詳細資料項目會以 Google Maps 地圖顯示旅館位置。

專題路徑：<mypro_TaipeiHotel.aia>。

左下圖為各區名稱及旅館數統計列表，點選各區名稱會進入分區旅館列表頁面，並在標題上顯示該區旅館數統計：

旅館資料是以 **清單顯示器** 顯示，將捲軸上、下捲動可看到更多的旅館資料。當
按下要查詢的旅館詳細資料項目，會以 Google Maps 地圖顯示該旅館位置。

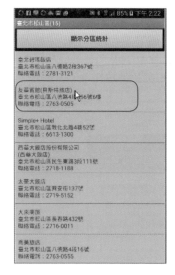 

 **以 display_addr 欄位取得地址顯示 Google Maps**

每筆資料中的第 4 欄位 **display_addr**、第 6 欄位 **poi_addr** 均可取得旅館地址，
但要以 Google Maps 導覽必須使用詳細地址的 **display_addr** 欄位。

### 5.4.3 介面配置

本專題示範以清單顯示器顯示取得資料，介面配置只有一頁，包含一個 **按鈕**、兩個 **清單顯示器**、一個 **Web 客戶端** 和一個 **Activity 啟動器** 元件。

ShowAllRegion 按鈕為顯示所有分區名稱和旅館數統計鈕，ListViewAllRegion 清單顯示器顯示分區和旅館數統計，ListViewRegionHotel 清單顯示器顯示分區旅館的詳細資料。

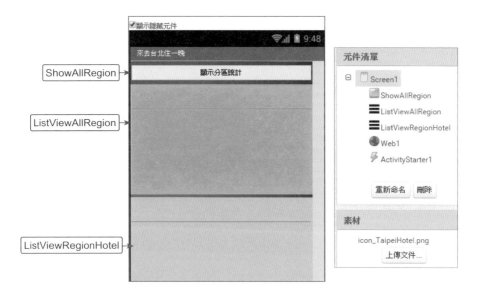

### 使用元件及其重要屬性

| 名稱 | 屬性 | 說明 |
|------|------|------|
| Screen1 | AppName：來去台北住一晚<br>標題：來去台北住一晚<br>圖示：icon_TaipeiHotel.png<br>畫面方向：鎖定直式畫面 | 標題。<br>安裝圖示。<br>直向顯示。 |
| ShowAllRegion | 文字：顯示分區統計 | 顯示分區統計按鈕。 |
| ListViewAllRegion | 背景顏色：粉紅色、TextSize：60 | 實機執行，模擬器執行請設 TextSize：50。 |
| ListViewRegionHotel | 文字顏色：藍色、TextSize：50 | 實機執行，模擬器執行請設 TextSize：32。 |
| Web1 | 無 | 取得 json 資料。 |
| ActivityStarter1 | Action:android.intent.action.VIEW | Google 地圖導覽。 |

## 5.4.4 專題分析和程式拼塊說明

1. 定義全域變數。

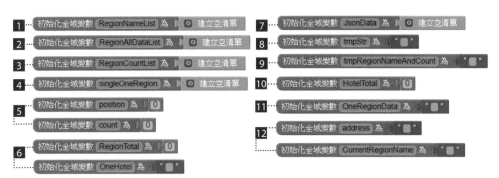

▌**1** 記錄各分區名稱的清單。

▌**2** 記錄各分區旅館詳細資料的清單。

▌**3** 記錄各分區旅館總數的清單。

▌**4** singleOneRegion 清單記錄一區所有旅館詳細資料。

▌**5** position 儲存分區名稱的索引位置，count 記錄分區旅館總數。

▌**6** RegionTotal 記錄共有多少區 ( 例如：台北市大同區 )，OneHotel 儲存一家旅館的資料，包括名稱、地址和電話。

▌**7** 讀取的 json 資料。

▌**8** 暫存某一區旅館詳細資料。

▌**9** 暫存分區的名稱或暫存分區的名稱和旅館總數。

▌**10** HotelTotal 記錄每區的旅館總數。

▌**11** OneRegionData 記錄一區所有旅館的詳細資料。

▌**12** address 記錄目前的旅館地址、currentRegionName 記錄目前的分區名稱。

2. 程式初始先讀取臺北市政府開放資料平台的「OK 認證 - 旅館業」資料。

3. 讀取資料後觸發 **取得文字** 事件。

1 參數 **回應內容** 取得讀取的文字資料。

2 將 json 格式資料轉換為清單，資料內容請參考前導範例的說明。

3 以自訂程序 CreateRegion 建立儲存各分區的名稱、旅館總數和所有旅館詳細資料清單。

4 以自訂程序 GetRegionCount 計算每一區旅館總數，並將每一區旅館的詳細資料存至清單中。

5 以自訂程序 ShowRegionList 顯示各分區名稱和旅館統計。

4. 自訂程序 CreateRegion 建立各分區名稱清單 RegionNameList、分區旅館總數清單 RegionCountList 和分區所有旅館詳細資料清單 RegionAllDataList。

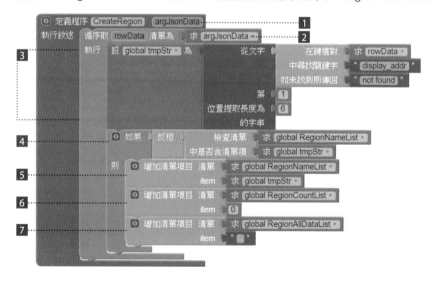

**1** 以參數 argJsonData 接收 json 資料。

**2** 逐一處理每一筆 json 資料。每一筆資料的格式如下：

第一欄 ( ( ( X 121.51187519464591 )
第二欄 ( Y 25.05290226620033 )
第三欄 ( certicication_category 旅館業 )
第四欄 ( display_addr 台北市大同區延平北路 1 段 121 號 )
第五欄 ( name 銀寶旅店 )
第六欄 ( poi_addr 台北市延平北路一段 121 號 )
第七欄 ( tel 2555-1130 )
第八欄 ( traffic_info null ) )

**3** 以鍵值對取得「display_addr」欄位資料，例如：「台北市大同區延平北路 1 段 121 號」。然後取前面 6 個字元擷取該區的名稱，即「台北市大同區」。

**4** 判斷該區是否已存至 RegionNameList 清單中，如果存在，即不再重複建立，因此相同的區在 RegionNameList 清單只會建立一份。

**5** 將該區的名稱加入 RegionNameList 清單中。

**6** 同理，也建立 RegionCountList 清單，準備儲存該區的總旅館數。

**7** 再建立 RegionAllDataList 清單，準備儲存該區所有館數的詳細資料。

 **調整 ListView 的 TextSize 大小**

以 ListView 顯示時實機執行和模擬器執行的文字大小並不相同，本例的 TextSize 是設定為實機執行的大小，但如果在模擬器執行，字體則會太大，請設 ListViewAllRegion 的 TextSize 為 50、ListViewRegionHotel 的 TextSize 為 32。

5. 自訂程序 GetRegionCount 計算每一區共有多少家旅館，並將每一區旅館的詳細資料存至 RegionAllDataList 清單中。

這幾個清單有點不好理解，我們以讀取的第一區「臺北市松山區」為例，讀取後會存在 RegionNameList 第一個索引位置，也就是 RegionNameList[1]=" 臺北市松山區 "，因為臺北市松山區共有 15 間旅館，所以 RegionCountList[1]=15。

RegionAllDataList[1]=" 臺北碧瑤飯店 \n 臺北市松山區八德路 2 段 367 號 \n2781-3121| 友華賓館 ( 貝斯特旅店 )\n 臺北市松山區八德路 4 段 656 號 6 樓 \n2763-0505|..."。( 共 15 間旅館 )

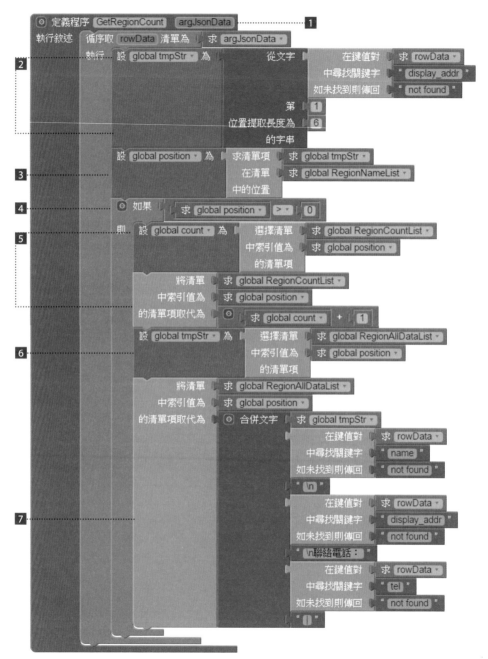

▢1 以參數 argJsonData 接收 json 資料。

▢2 擷取該區的名稱,例如:「台北市大同區」。

▢3 尋找該區在的 RegionNameList 清單中位置。

▢4 確認該區已存在清單中才處理。

▢5 將該區的旅館總數加 1。

▢6 取得該區所有旅館的詳細資料,包括旅館名稱、地址和電話。

▢7 將 該 旅 館 的 詳 細 資 料, 包 括 旅 館 名 稱、 地 址 和 電 話 累 加 至 RegionAllDataList 清單中,資料間以「\n」跳列,並在電話前加上「聯絡 電話:」提示字串。請注意:每筆資料是以「|」為分隔字元。

6. 自訂程序 ShowRegionList,循序取得各分區的名稱和旅館統計。

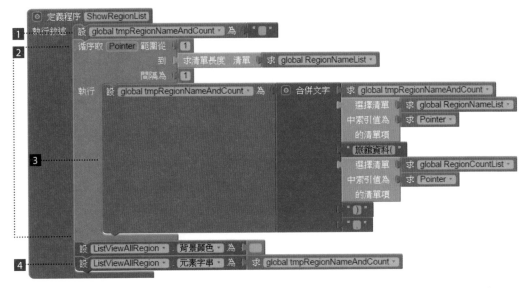

▢1 tmpRegionNameAndCount 計錄各分區的名稱和旅館,顯示前設為空字串。

▢2 循序取得各分區的名稱和旅館統計數。

▢3 從 RegionNameList 清單中取得分區名稱、RegionCounteList 清單中取得 分區旅館統計,並將資料合併成一個字串。

▢4 以清單顯示各分區的名稱和旅館統計。

7. 按下首頁分區統計頁面上各分區統計欄位，呼叫自訂程序 ShowRegionHotel 顯示該區的旅館資料。

8. 自訂程序 ShowRegionHotel 顯示該分區旅館詳細資料。

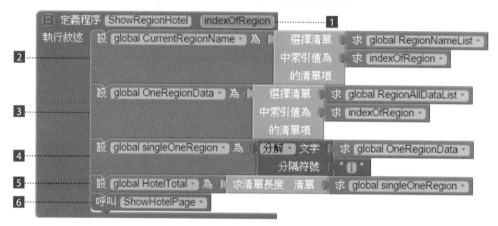

**1** 接收參數，這個參數是分區的編號，例如：台北市松山區為 1。

**2** 取得該區的名稱。

**3** 取得該區所有旅館資料，每筆資料包含名稱、地址和電話，每筆資料間以「|」為分隔字元。例如：台北市松山區會取得 15 筆資料。

**4** 將該區所有旅館資料以「|」字元切開為每一筆旅館資料。

**5** 計算本區旅館總數：以「|」字元切開後就是旅館數。

**6** 呼叫自訂程序 ShowHotelPage 顯示該分區中所有旅館詳細資料。

9. 自訂程序 ShowHotelPage 顯示該區旅館資料。

**1** 在標題列顯示該分區名稱和旅館數統計。

**2** 隱藏分區統計頁面、顯示分區所有旅館資料頁面。

**3** 顯示分區旅館資料。

10. 點選旅館資料，依旅館地址作 Google Maps 地圖導覽。

**1** 取得該家旅館的詳細資料，包括旅館名稱、地址和電話。

**2** 取得第二個欄位旅館地址。

**3** 依旅館的地址，作 Google Maps 地圖導覽。

11. 按下 **顯示分區統計** 按鈕的處理。

**1** 標題上重新顯示「來去台北住一晚」。

**2** 顯示分區統計頁面、隱藏分區所有旅館資料頁面。

**3** 顯示各分區的名稱和旅館統計。

## 5.4.5 未來展望

在 App 中由網路上讀取或是交換資料，是很重要的技巧。我們常用的資料格式，如 csv、xml 或 json，在 App Inventor 2 中都可以使用。在這個專題中我們使用讀取跨網域的 json 資料，結果相當讓人滿意。

當然讀取資料是一回事，但真正從 json 中擷取想要的資料則又是另一項考驗，本專題中故意先以自訂的 CreateRegion 程序計算出分區旅館名稱，再以 GetRegionCount 程序儲存分區旅館總數和分區旅館詳細資料，這是為了讓讀者在解讀時較容易些，其實這兩個自訂程序是可以合在一起的。

資料的翻頁處理在 App Inventor 2 中實現有相當的難度，這個範例使用 **清單顯示器** 解決資料翻頁的問題，但其實也衍生另外的問題，因為 **清單顯示器** 無法控制顯示格式，因此整個介面呈現較為呆版。

# 經典小蜜蜂 App

雖然現在電腦遊戲日新月異，聲光效果絕佳，但對於一些簡單的經典懷舊小遊戲，如打磚塊、小蜜蜂等，不僅 LKK 仍然珍愛，許多小朋友也因其容易上手、不難過關等特性而愛不釋手。

本專題將重現經典遊戲：小蜜蜂，還融入加速感測器來移動遊戲角色、發射砲彈，讓遊戲進行更為有趣。

# 6.1 專題介紹：經典小蜜蜂

記得當年剛開始接觸電腦時 (Apple II)，電腦遊戲還是儲存在錄音帶上，第一款玩的遊戲就是「小蜜蜂」，曾經廢寢忘食大戰好幾個晝夜。數十年來，此事一直被老婆用來做為告誡孩子不可沉迷電子遊戲的最佳範例。殊不知，「小蜜蜂」遊戲在我的心中是永遠不可取代的！

小蜜蜂 (Galaxian) 是日本遊戲公司在 1979 年推出的射擊電玩遊戲，遊戲者控制太空戰機，不斷射擊入侵的外星太空船隊，外星太空船會放出炸彈企圖炸毀太空戰機。太空戰機要不斷躲避外星太空船的炸彈攻擊，如果被外星太空船的炸彈炸毀，會播放爆炸動畫，遊戲有三艘太空戰機，三艘都被炸毀就結束遊戲。因為遊戲中外星太空船長的像小蜜蜂，因此在台灣便以此為名。

本專題利用 App Inventor 2 最擅長的動畫及碰撞原理製作射擊遊戲，並運用延遲原理呈現生動的爆炸效果。

本專題可用手指拖曳太空戰機左右移動、點擊太空戰機進行射擊，也可以利用 **加速度感測器** 元件移動太空戰機及射擊，充分發揮行動裝置特性。

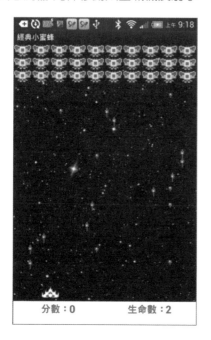
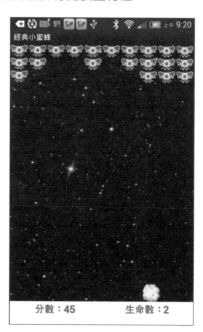

## 6.2 **專題重要技巧**

本專題不但使用加速度感測器來移動太空船,也用加速度感測器來發射炮彈,而加速度感測器的靈敏度非常高(一秒鐘會感應近百次),會使發射炮彈的頻率過高,必須每隔指定時間才讀取加速度感測器的值。計步器專題使用計算時間差來達成此目的,本專題利用 **計時器** 元件來做到相同效果。另外,太空船爆炸是連續播放 6 張圖片的結果,但 App Inventor 2 並沒有提供播放動畫的元件,需要設計者自行撰寫每隔指定時間播放圖片的程序,以達成視覺上的動畫效果。

### 6.2.1 **降低加速度感測器靈敏度 - 計時器方式**

本專題利用 **計時器** 元件來降低加速度感測器的靈敏度,與計步器專題使用計算時間差的方式相較,其效果相同,而 **計時器** 元件方式的程式拼塊更精簡。

以 **計時器** 元件降低加速度感測器靈敏度的原理,是設定 **計時器** 元件的 **計時間隔** 屬性值,接著在 **計時** 事件中設定 flag 旗標為 true,而在加速度感測器的 **加速被改變** 事件檢查 flag 旗標的值,只有在 flag 旗標值為 true 時才執行特定程序拼塊,這樣就可每隔指定時間才執行特定程序拼塊一次。

以 **計時器** 元件降低加速度感測器靈敏度的拼塊為:

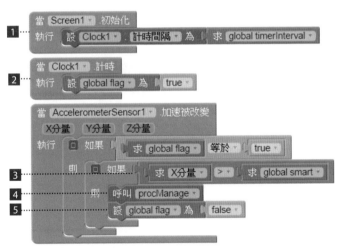

**1** 設定 **計時器** 元件的 **計時間隔** 屬性值為指定時間 (timerInterval 變數 )。

**2** 在 **計時器** 元件的 **計時** 事件中設定 flag 旗標為 true。

3 在 **加速度感測器** 元件的 **加速被改變** 事件中檢查 flag 旗標的值是否為 true。

4 若 flag 旗標的值為 true 才執行指定程式拼塊 procManage。

5 設定 flag 旗標為 false。

### ▌範例：加速度感測器靈敏度 - Clock

本範例與第一章中「加速度感測器靈敏度」範例完全相同：使用者將手機右方舉高時，上方是原始感測器的次數，下方是每隔 0.2 秒 (200 毫秒) 偵測一次的次數。(<ex_AcceleroClock.aia>)

 **必須使用實機執行**

因本範例使用感測器功能，必須在行動裝置上執行。

### » 介面配置

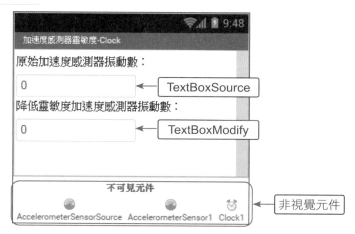

介面配置與第一章中「加速度感測器靈敏度」範例完全相同。

## » 程式拼塊

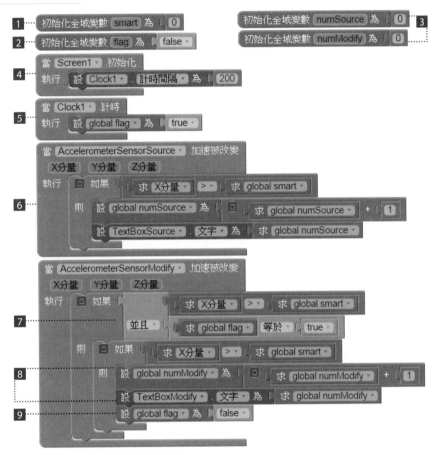

1 變數 smart 設定 **X 分量** 大於此值才算震動。

2 變數 flag 做為是否要執行拼塊 8 及 9 的判斷旗標。

3 變數宣告：numSource 記錄原始加速度感測器的震動次數，numModify 記錄降低靈敏度的加速度感測器震動次數。

4 程式開始時設定每 0.2 秒觸發 **計時器** 元件的 **計時** 事件一次。

5 每 0.2 秒設定 flag 旗標為 true 一次。

6 原始加速度感測器：如果 **X 分量** 的值大於 smart 變數值就將震動次數加 1，並且顯示出來。

7 降低靈敏度加速度感測器：如果 **X 分量** 的值大於 smart 變數值，且 flag 旗標為 true 才執行拼塊 8 及 9。

⑧ 將震動次數加 1，並且顯示出來。

⑨ 設定 flag 旗標為 false。

## 6.2.2 **動畫播放**

製作電腦遊戲時，常需要連續播放多張圖片以達成動畫效果，例如爆炸畫面，但 App Inventor 2 沒有播放動畫的元件，必須自行撰寫程式來播放動畫。

要播放動畫，首先需將所有組成動畫的圖片置於清單中，以便能依序播放。例如組成動畫的圖片有四張，依序為 <explode1.png> 到 <explode4.png>，將其置於 pictureList 清單的拼塊為：

接著在 **計時器** 元件的 **計時** 事件中顯示圖片，播放的時間間隔由 **計時間隔** 屬性值決定。播放動畫的事件發生時，先設定計數器為 1，表示顯示第一張圖片，然後啟動 **計時器** 元件開始播放動畫。例如計數器變數為 i，按下 **ButtonAnimation** 鈕播放動畫的拼塊為：

最後是 **Clock1. 計時** 事件，其功能是每隔一段時間就依順序播放圖片。事件觸發時就顯示動畫元件，顯示圖片，然後將計數器值增加 1，以便顯示下一張圖片；如果已播完最後一張，就隱藏動畫元件：

**Clock1. 計時** 事件的流程圖為：

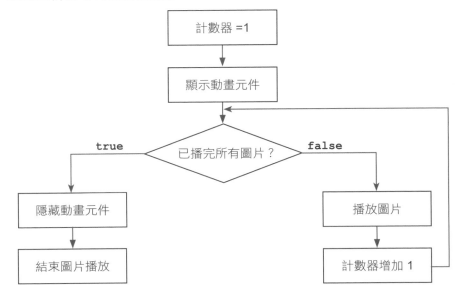

## ▼ 範例：播放爆炸動畫

按 **播放爆炸動畫** 鈕就顯示爆炸動畫，播放時會搭配爆炸音效。(<ex_Explode.
aia>)

## » 介面配置

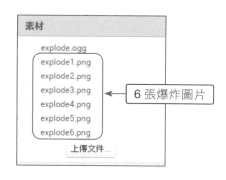

ImageSprite1 為播放動畫的元件，建立時取消核選 **顯示狀態** 屬性，程式開始執行時不會顯示圖片。

## » 程式拼塊

1. 變數宣告及初始值設定。

**1** 建立 explodeList 清單用來儲存圖片。

**2** 變數 i 儲存目前顯示的圖片。

**3** 程式啟動時將所有動畫的圖片置入 explodeList 清單。

**4** 程式啟動時關閉 **計時器** 元件，以免啟動就播放動畫。

**5** 設定每隔 0.5 秒顯示一張圖片。

2. 使用者按 **播放爆炸動畫** 鈕就顯示動畫。

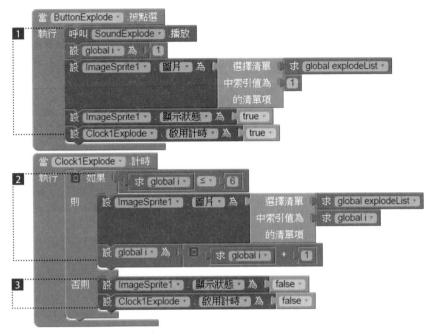

1 使用者按 **播放爆炸動畫** 鈕首先播放爆炸音效、設定計數器為 1、載入第一張爆炸圖片、顯示動畫元件並開始播放爆炸動畫。

2 如果播放的是第 1 到 6 張圖片，就將計數器增加 1，如此下次就會顯示下一張圖片。

3 如果計數器大於 6，表示已播完所有圖片，就隱藏動畫元件並停止播放爆炸動畫。

# 6.3 專題實作：經典小蜜蜂

小蜜蜂遊戲除了太空戰機可以發射砲彈攻擊外星太空船，也要不斷閃躲以免被外星太空船隊的炸彈炸毀。由於 App Inventor 2 無法由程式動態建立物件，本專題採變通辦法，程式開始時建立太空戰機及外星太空船砲彈各 15 顆，當砲彈在螢幕消失後就回收循環使用。

## 6.3.1 專題發想

觀察 Google Play 中下載數名列前矛者，遊戲類應用程式佔了大多數，而 App Inventor 2 最適合撰寫遊戲類應用程式，因此在 App Inventor 2 專題書籍中，遊戲類應用程式當然不能缺席。

雖然現在電腦遊戲日新月異，聲光效果絕佳，但對於一些簡單的經典懷舊小遊戲，如打磚塊、小蜜蜂等，不僅 LKK 仍然珍愛，許多小朋友也因其容易上手、不難過關等特性而愛不釋手。尤其是小蜜蜂遊戲融入加速度感測器，無論遊戲角色的移動、砲彈的發射都不必動手，擺動手機就能操控自如，如虎添翼！

## 6.3.2 專題總覽

程式執行時，上方外星太空船隊會隨機投下炸彈；遊戲者可左右移動下方太空戰機閃避炸彈，也可發射砲彈擊毀外星太空船。螢幕最下方顯示得分及生命數資訊：每擊毀一艘外星太空船得 5 分，擊毀全部外星太空船 (30 艘) 可得 150 分，全部外星太空船遭擊毀後，會重建 30 艘外星太空船繼續遊戲。遊戲者擁有 3 個生命數，若 3 艘太空戰機都被炸毀，遊戲將重新開始。

使用者可用手觸控拖曳下方的太空戰機來左右移動，點擊太空戰機可發射砲彈；也可左、右傾斜行動裝置來移動太空戰機，上、下傾斜行動裝置來發射砲彈。

專題路徑：<mypro_LittleBee.aia>。

 **需在實機上執行**

本專題大量使用加速度感測器，因此要在行動裝置上執行。

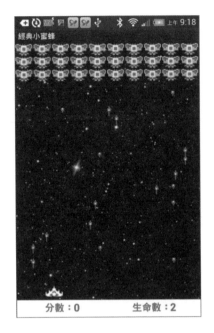
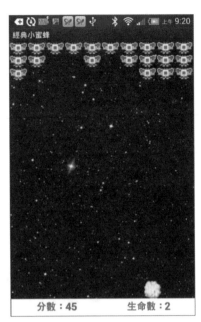

擊毀全部外星太空船後會重建 30 艘外星太空船繼續遊戲。若太空戰機被炸掉 3 次會出現 **新遊戲** 對話方塊，按 **重新開始** 鈕重新開始遊戲，按 **結束** 鈕會結束應用程式。若中途要結束遊戲，可按行動裝置上的 **返回** 鍵 (「<」)，是快速關閉程式的方法。

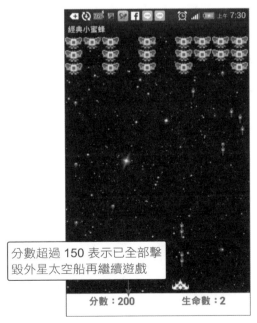

分數超過 150 表示已全部擊毀外星太空船再繼續遊戲

### 6.3.3 介面配置

本專題只有一個頁面，**畫布** 元件的上方是 3 列、每列 10 艘外星太空船，下方是一艘太空戰機，接著是隱藏的 6 張爆炸圖片、15 個外星太空船炸彈及 15 個太空戰機砲彈。所有 **畫布** 上的圖片都是隨意放置，程式執行後再以程式拼塊將圖片置於正確位置。

螢幕最下方一列是由 **水平布局** 元件排列的訊息顯示區：顯示分數及剩餘生命數。

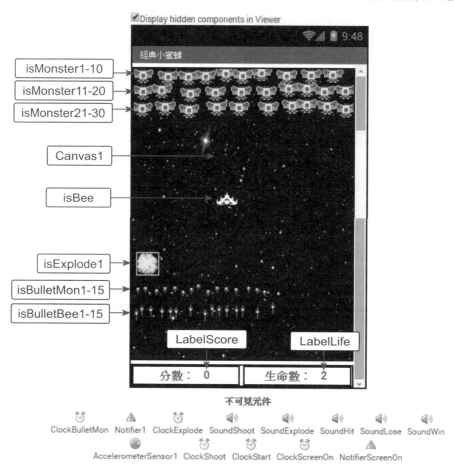

## 使用元件及其重要屬性

| 名稱 | 屬性 | 說明 |
|------|------|------|
| Canvas1 | **背景圖片**：background.png,<br>**寬度**：Fill parent,<br>**高度**：600 像素 | 放置圖形元件的容器。 |
| isMonster1 到<br>isMonster30 | **圖片**：monster.png | 外星太空船。 |
| isExplode1 | **圖片**：explode1.png<br>**顯示狀態**：未核選 | 爆炸動畫圖片。 |
| isBulletMon1 到<br>isBulletMon15 | **圖片**：bulletmon.png,<br>**顯示狀態**：未核選 | 外星太空船炸彈。 |
| isBulletBee1 到<br>isBulletBee15 | **圖片**：ulletbee.png,<br>**顯示狀態**：未核選 | 太空戰機砲彈。 |
| isBee | **圖片**：bee.png | 太空戰機。 |
| LabelScore、LabelLife | **字元尺寸**：18,<br>**文字顏色**：紅色 | 顯示分數及生命數。 |
| ClockBulletMon | **啟用計時**：未核取,<br>**計時間隔**：1500 | 每隔 1.5 秒發射外星太空船炸彈一次。 |
| ClockExplode | **啟用計時**：未核取,<br>**計時間隔**：400 | 每隔 0.4 秒顯示一張爆炸圖片。 |
| ClockShoot | **計時間隔**：700 | 每隔 0.7 秒發射太空戰機砲彈一次。 |
| ClockStart | **啟用計時**：未核取 | 程式啟動時延遲 1 秒。 |
| ClockScreenOn | **計時間隔**：10000 | 讓螢幕常亮。 |
| AccelerometerSentor1 | **啟用**：未核取 | 偵測行動裝置傾斜程度。 |
| SoundShoot | **來源文件**：shoot.ogg | 發射砲彈的聲音。 |
| SoundExplode | **來源文件**：explode.ogg | 爆炸的聲音。 |
| SoundHit | **來源文件**：hit.wav | 撞擊的聲音。 |
| SoundLose | **來源文件**：lose.wav | 遊戲失敗的聲音。 |
| SoundWin | **來源文件**：win.wav | 遊戲勝利的聲音。 |

ClockExplode 及 ClockBulletMon 元件取消核選 **啟用計時** 屬性，AccelerometerSensor1 元件要取消核選 **啟用** 屬性，才不會在程式開始執行就播放爆炸動畫、外星太空船施放炸彈及操作太空戰機。

## 6.3.4 專題分析和程式拼塊說明

1. 定義全域變數。

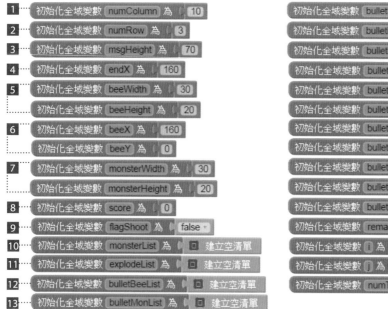

**1** numColumn 儲存外星太空船隊每列的太空船數目。

**2** numRow 儲存外星太空船隊的列數。

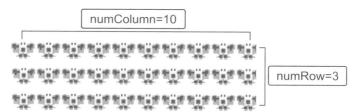

**3** msgHeight 設定下方顯示訊息區的高度，此值固定為 70。

| 分數： 0 | 生命數： 2 | ◄── msgHeight=70 |

**4** endX 儲存拖曳太空戰機的水平座標。

**5** beeWidth 儲存太空戰機的寬度，beeHeight 儲存太空戰機的高度。

**6** beeX 儲存太空戰機的水平座標，beeY 儲存太空戰機的垂直座標。

7 monsterWidth 儲存外星太空船的寬度，monsterHeight 儲存外星太空船的高度。

8 score 儲存遊戲者所得的分數。

9 flagShoot 設定目前太空戰機是否可以發射砲彈。

10 monsterList 為儲存外星太空船隊的清單。

11 explodeList 為儲存爆炸圖片的清單。

12 bulletBeeList 為儲存太空戰機砲彈的清單。

13 bulletMonList 為儲存外星太空船炸彈的清單。

14 bulletSpeed 儲存砲彈的速度。

15 bulletBeeWidth 儲存太空戰機砲彈的寬度，bulletBeeHeight 儲存太空戰機砲彈的高度。

16 bulletBeeTotal 儲存太空戰機砲彈可同時存在的最大數目。

17 bulletBeeCount 儲存太空戰機目前發射的砲彈編號。

18 bulletBeeShoot 儲存太空戰機砲彈已經發射的數目。

19 bulletMonWidth 儲存外星太空船炸彈的寬度，bulletMonHeight 儲存外星太空船炸彈的高度。

20 bulletMonTotal 儲存外星太空船炸彈可同時存在的最大數目。

21 bulletMonCount 儲存外星太空船目前發射的砲彈編號。

22 bulletMonShoot 儲存外星太空船炸彈已經發射的數目。

23 remainBee 儲存剩餘的生命數。

24 i 和 j 為兩個計數器變數。

25 numTem 儲存暫時性數值。

2. 本專題中各元件的位置及外星太空船寬度會根據螢幕解析度做調整，因此必須在程式開始執行就取得螢幕寬度及高度，但如果直接在 **Screen1. 初始化** 事件中執行取得螢幕解析度程式拼塊，常常無法得到正確數值。解決方法是程式啟動後延遲 1 秒再執行取得螢幕解析度程式拼塊，此時可確保程式啟動完成，各種硬體都已準備好，就可得到正確螢幕寬度及高度。程式啟動時以 ClockStart 元件延遲 1 秒。

3. 在 ClockStart 元件的 **計時** 事件中根據螢幕解析度設定繪圖區大小、關閉 ClockStart 元件、計算各種初始值、將所有圖片依解析度置於正確位置，最後開啟加速度感應器開始遊戲。

**1** 設定螢幕的寬度做為繪圖區的寬度。

**2** 設定螢幕高度減去訊息區高度做為繪圖區的高度。

**3** 外星太空船寬度是以螢幕除以單列的外星太空船數 (numColumn) 再減 2，「2」是兩艘外星太空船之間的間隔。

**4** 太空戰機的垂直座標是螢幕高度減去訊息區高度，再減掉太空戰機的高度，最後再減 5 做為間隔。

**5** 設定拖曳太空戰機的水平座標初始值為螢幕中間。

**6** 延遲 1 秒動作只需執行一次，故關閉 ClockStart 元件。

**7** 建立太空戰機砲彈清單內容、外星太空船炸彈清單內容、爆炸圖片清單內容及在正確位置顯示外星太空船隊。

**8** 開啟加速度感應器讓使用者可操控太空戰機，開啟 ClockBulletMon 計時器開始施放外星太空船炸彈。

4. 自訂程序 bulletBeeValue 將 15 個太空戰機砲彈加入 bulletBeeList 清單。

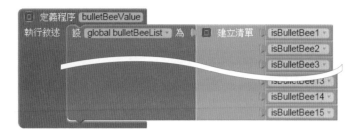

5. 自訂程序 bulletMonValue 將 15 個外星太空船炸彈加入 bulletMonList 清單。

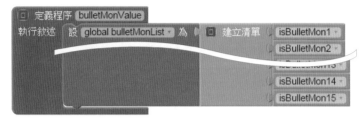

6. 自訂程序 explodeValue 將 6 張爆炸圖片加入 explodeList 清單。

7. 自訂程序 resetMonster 包含四個自訂程序。

8. 自訂程序 initBee 將太空戰機移到起始位置。

**1** 計算太空戰機的起始水平座標：螢幕寬度減太空戰機寬度後除以 2。

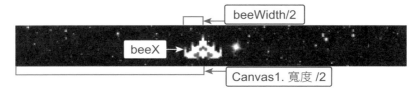

**2** 將太空戰機移到起始位置。

9. 自訂程序 monsterValue 將 30 個外星太空船加入 monsterList 清單。

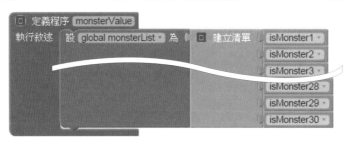

10. 自訂程序 initMonster 會計算外星太空船隊的起始位置，並將外星太空船移到正確位置。

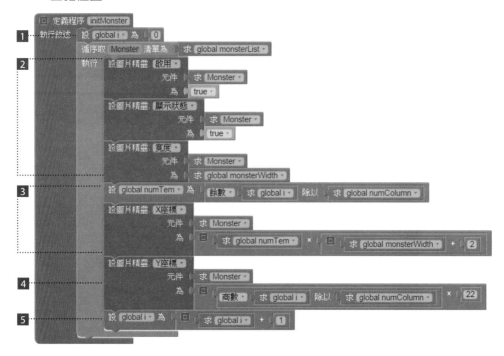

**1** 因為要使用外星太空船的號碼來計算位置，所以設定計數器，注意此處是從 0 開始計數：即 i=0 為第 1 艘外星太空船，i=1 為第 2 艘外星太空船。

**2** 逐一設定每艘外星太空船為作用中、在螢幕中顯示及寬度值。

**3** 外星太空船的水平座標是太空船號碼除以 10 的餘數 (numTem) 乘以寬度，而寬度為外星太空船寬度加間隔寬度 2。

**4** 外星太空船的垂直座標是太空船號碼除以 10 的商乘以高度 ( 太空船高度 20+ 間隔 2=22)。例如第 15 艘太空船 ( 號碼 i=14) 是第 2 列第 5 艘，其水平座標為 4x32=128，垂直座標 1x22=22。

**5** 每次將計數器加 1。

11. 自訂程序 initBullet 設定太空戰機砲彈及外星太空船炸彈的初始狀態。

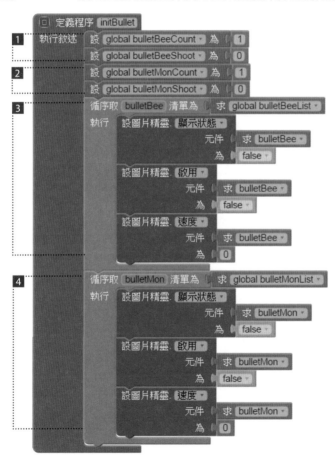

**1** 設定太空戰機最先發射的砲彈為第 1 號，已發射砲彈數為 0。

**2** 設定外星太空船隊最先投擲的炸彈為第 1 號，已投擲炸彈數為 0。

**3** 設定每一顆太空戰機砲彈不在螢幕顯示、無作用及速度為 0。

**4** 設定每一顆外星太空船炸彈不在螢幕顯示、無作用及速度為 0。

12. 加速度感測器可控制太空戰機的移動及發射砲彈。

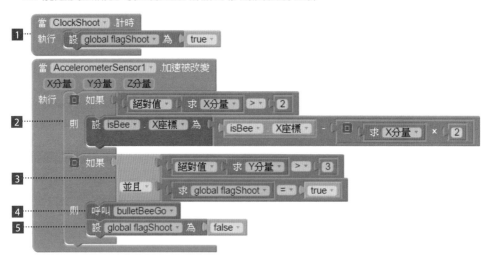

**1** ClockShoot 元件控制太空戰機發射砲彈的頻率，在設計階段已設定為啟動狀態，每 0.7 秒執行一次 (**計時間隔** =700)。在 **計時** 事件中設定 flagShoot 為 true，表示每 0.7 秒才能射擊一次。

**2** **X 分量** 參數值控制行動裝置左右抬起的程度，當使用者左方或右方抬起行動裝置且 **X 分量** 絕對值大於 2 時，就增加或減少太空戰機的水平座標，即左右移動。

**3** **Y 分量** 參數值控制行動裝置上下抬起的程度，當使用者上方或下方抬起行動裝置且 **Y 分量** 絕對值大於 3 時，就執行拼塊 **4** 及 **5**。

**4** 發射太空戰機砲彈。

**5** 設定 flagShoot 為 false，表示無法發射砲彈，需等 0.7 秒後會將 flagShoot 設為 true，才能再發射。

13. 自訂程序 bulletBeeGo 的功能是發射太空戰機砲彈。

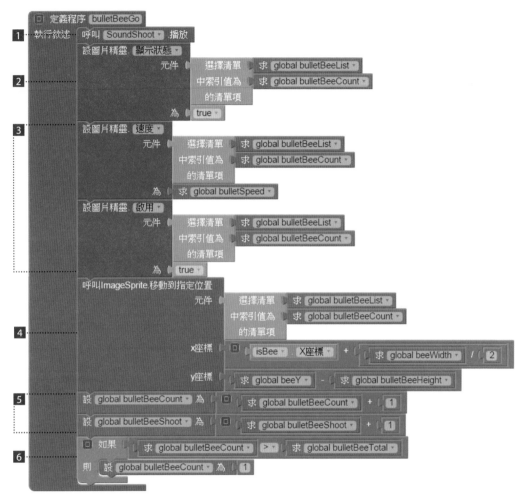

**1** 播放發射砲彈的音效。

**2** bulletBeeCount 是砲彈編號，由砲彈清單中取出該編號的砲彈顯示。

**3** 設定砲彈速度及該砲彈為有作用。

**4** 砲彈位置的水平座標為目前太空戰機水平位置加太空戰機寬度的一半，垂直座標是太空戰機垂直位置減砲彈高度。

**5** 將砲彈編號及發射砲彈數都增加 1。

**6** 如果砲彈編號大於砲彈總數，就重新由 1 開始計數。

14. 外星太空船炸彈是以 ClockBulletMon 元件每隔 1.5 秒投擲一次。

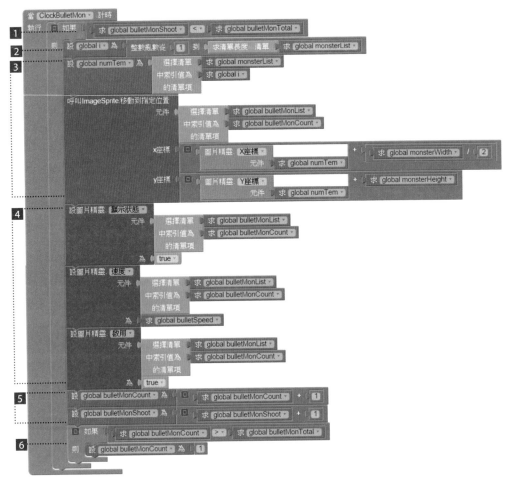

**1** 檢查是否還有炸彈,如果有炸彈才執行拼塊 **2** 到 **6** 進行投擲。

**2** 以亂數方式隨機設定投擲炸彈的外星太空船。

**3** 炸彈位置的水平座標為外星太空船目前水平位置加外星太空船寬度的一半,垂直座標是外星太空船垂直位置加外星太空船高度。

**4** 顯示投擲的炸彈、設定炸彈速度及該炸彈為有作用。

**5** 將炸彈編號及投擲炸彈數都增加 1。

**6** 如果炸彈編號大於炸彈總數,就重新由 1 開始計數。

15. 太空戰機的砲彈有 15 顆，每一顆碰到邊界都執行 bulletBeeEdge 自訂程序，系統如何得知是哪一顆砲彈呢？方法是在執行程序時傳送一個參數即可：1 代表第 1 顆砲彈、2 代表第 2 顆砲彈、依此類推。同理，外星太空船的炸彈也有 15 顆，每一顆碰到邊界都執行 bulletMonEdge 自訂程序。

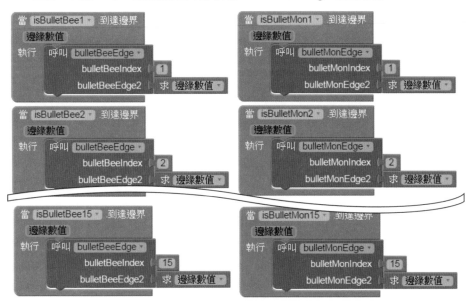

16. 自訂程序 bulletBeeEdge 是太空戰機砲彈碰到邊界時觸發。

**1** 因太空戰機砲彈是向上發射，所以碰到上邊界時才需處理。

**2** 自訂程序 bulletDisappear 會移除砲彈。

**3** 將已發射砲彈數減 1。

17. 自訂程序 bulletMonEdge 是外星太空船炸彈碰到邊界時觸發。

**1** 因外星太空船炸彈是向下投擲,所以碰到下邊界時才需處理。

**2** 自訂程序 bulletDisappear 會移除炸彈。

**3** 將已投擲炸彈數減 1。

18. 太空戰機砲彈及外星太空船炸彈的移除,都是由自訂程序 bulletDisappear 處理。

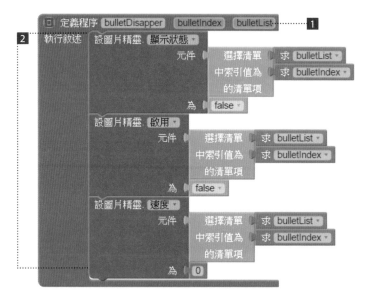

**1** 參數 bulletIndex 是要移除的砲彈編號。因為太空戰機砲彈及外星太空船炸彈的移除都是使用本程序,參數 bulletList 傳入要處理的清單名稱。

**2** 將砲彈設為不可見、無作用及速度為 0。

19. 太空戰機 15 顆砲彈撞到物件會執行 bulletBeeCollide 自訂程序,外星太空船的 15 顆炸彈撞到物件會執行 bulletMonCollide 自訂程序。bulletBeeCollide

自訂程序需傳送炸彈編號 (bulletBeeIndex) 做為移除炸彈之用,而
bulletMonCollide 自訂程序在炸掉太空戰機後會重置所有炸彈,所以不需傳送
炸彈編號。

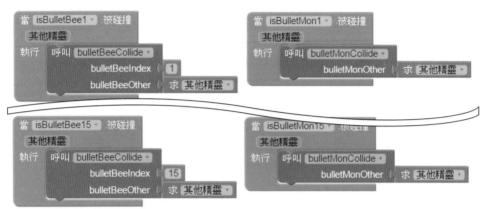

20. 自訂程序 bulletMonCollide 是外星太空船炸彈撞到物件執行的程序。

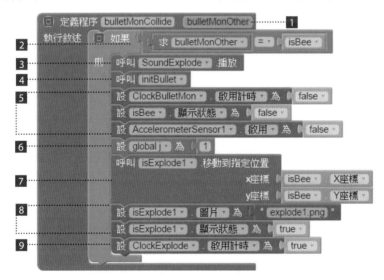

**1** 參數 bulletMonOther 是被外星太空船炸彈撞到的物件名稱。

**2** 只有在外星太空船炸彈撞到太空戰機時才執行拼塊 **3** 到 **9**。

**3** 播放爆炸音效。

**4** 將所有砲彈及炸彈重置。

**5** 關閉太空船炸彈產生器、移除太空戰機及停止加速度感測器。

6 變數 j 是爆炸動畫圖片的計數器，此處設為 1 再啟動 ClockExplode 元件，會由第 1 張圖片開始播放。

7 將動畫元件移到發生爆炸的位置。

8 載入第 1 張爆炸圖片並顯示動畫元件。

9 開始播放爆炸動畫。

21. ClockExplode 元件的 **計時** 事件會每 0.4 秒顯示一張圖片形成爆炸動畫。

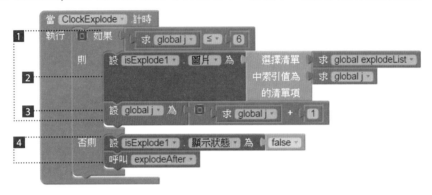

1 如果播放的是第 1 到 6 張圖片，就執行拼塊 2 到 3。

2 依序載入圖片並顯示圖片。

3 將計數器增加 1，下次就顯示下一張圖片。

4 如果計數器大於 6，表示已播完所有圖片，就隱藏動畫元件，並以自訂程序 explodeAfter 進行爆炸後處理。

22. 播放完爆炸動畫後就進入 explodeAfter 自訂程序，如果還有生命就顯示新太空戰機繼續遊戲，若已無生命就結束遊戲。

**1** 關閉爆炸動畫播放。

**2** 將生命數減少 1。

**3** 如果還有生命就執行拼塊 **4** 到 **6**。

**4** 啟動加速度感測器及外星太空船隨機投擲炸彈。

**5** 更新生命數顯示。

**6** 重新產生太空戰機並且顯示。

**7** 如果沒有生命就播放遊戲結束音效及顯示結束遊對話方塊。

23. 太空戰機發射的砲彈碰到物件時會執行 bulletBeeCollide 自訂程序。

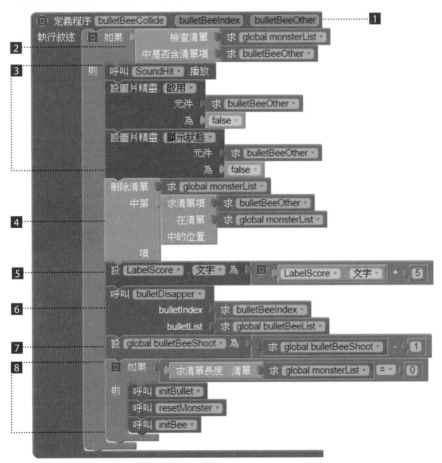

**1** 參數 bulletBeeIndex 是太空戰機砲彈編號，參數 bulletBeeOther 是被太空
戰機砲彈碰撞的物件名稱。

**2** 如果被撞物體是外星太空船才執行拼塊 **3** 到 **8**。

**3** 播放碰撞音效、設定被撞外星太空船為無作用及移除被撞外星太空船。

**4** 由外星太空船隊清單中移除被撞外星太空船。

**5** 將分數增加 5 分並且更新。

**6** 根據太空戰機砲彈編號移除砲彈。

**7** 將已發射太空戰機砲彈總數減 1。

**8** 如果所有外星太空船都被擊毀就重置炸彈、重置外星太空船及太空戰機。

24. **對話框** 元件顯示的對話方塊可根據不同的按鈕文字做處理，在結束遊戲對話方塊中按 **重新開始** 鈕，會重新開始遊戲；按 **結束** 鈕，則會關閉應用程式。

```
當 Notifier1 · 選擇完成
   選擇值
1  執行  設 AccelerometerSensor1 · · 啟用 · 為 ( true ·
2         如果 ( 求 選擇值 · = · " 重新開始 "
3         則  設 global score · 為 ( 0
              設 global remainBee · 為 ( 2
              設 LabelScore · · 文字 · 為 ( 求 global score ·
              設 LabelLife · · 文字 · 為 ( 求 global remainBee ·
4             設 global bulletSpeed · 為 ( 5
              呼叫 resetMonster ·
              設 isBee · · 顯示狀態 · 為 ( true ·
              設 ClockBulletMon · · 啟用計時 · 為 ( true ·
5         如果 ( 求 選擇值 · = · " 結束 "
          則 ( 退出程序
```

**1** 開啟顯示對話方塊時關閉的加速度感測器。

**2** 如果按鈕文字為 **重新開始** 才執行拼塊 **3** 到 **4**。

**3** 重設得分為 0 及剩餘生命數為 2，同時顯示這些資訊。

**4** 設定砲彈速度為 5、重置所有外星太空船隊、顯示太空戰機及開始隨機發射外星太空船炸彈。

**5** 如果按鈕文字為 **結束**，就以 **退出程序** 方法結束應用程式。

25. 使用者拖曳太空戰機會觸發 **isBee. 被拖動** 事件，可左右移動太空戰機。

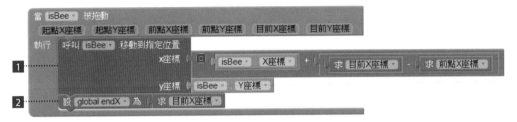

■1 移動太空戰機到新位置，注意垂直座標 (isBee.Y 分量 ) 不會改變。

■2 設定變數 endX 的值為開始拖曳的水平位置，做為 **isBee. 被鬆開** 事件判斷是否為發射砲彈的依據。

26. 使用者拖曳或點按太空戰機時，手指離開螢幕時都會觸發 **isBee. 被鬆開** 事件，那要如何判斷是拖曳（移動太空戰機）還是點按（發射砲彈）呢？方法是判斷使用者手指在螢幕上是否有移動：如果手指接觸螢幕與離開螢幕時的水平座標差距大於 30 就視為拖曳，否則就是射擊。

**isBee. 被鬆開** 事件程式拼塊若手指接觸螢幕時水平座標 (endX) 與離開螢幕時水平座標的差距小於等於 30，同時還有未發射的砲彈時，就發射砲彈。

27. 如果使用者一直使用擺動行動裝置的方式操作，由於未碰觸螢幕，一段時間後行動裝置會自動關閉螢幕。ClockScreenOn 元件在屬性面板已設定每 10 秒執行一次 ( **時間間隔** 屬性設為 10000)，每 10 秒顯示一次無內容的訊息，就可使螢幕不會關閉。

1. 將 NotifierScreenOn 元件背景顏色設成與程式執行時背景顏色相同，顯示空白訊息時就不會被使用者發現。

2. 顯示空白訊息。

28. 自訂程序 gameOver 會顯示結束遊戲對話方塊。

29. 按行動裝置上的 **返回** 鍵 (「<」)，會執行 gameOver 程序，彈出確認結束應用程式的對話方塊。

## 6.3.5 未來展望

本專題為簡化程式，僅專注於小蜜蜂遊戲本體，甚至移除原本小蜜蜂既有的功能，例如外星太空船會不斷向下移動，如果使用者未在指定時間擊毀全部外星太空船，太空戰機就會被外星太空船撞毀；而且原遊戲有許多關卡，增加關卡最簡單的方法是增加炸彈移動速度或外星太空船下移速度。本書已將加入外星太空船下移及多關卡功能的專題置於書附光碟 (<mypro_LittleBeeAdv.aia>)，使用者可自行參考。

此外，也可以加入許多趣味性的功能：可在遊戲中加入暫停功能，方便遊戲者能喘口氣再繼續；可配合 TinyWebDB 元件記錄最高得分，和網路上所有愛好者一較高下；可為太空戰機增加防護罩功能，使太空戰機有一段時間不怕炸彈轟炸；可設計各種不同的外星太空船及各式炸彈，擊毀不同外星太空船會得到不同分數，不同炸彈具有不同威力等。

# 藍牙猜拳對戰 App

猜拳遊戲是最簡便的遊戲，不用任何的道具，也沒有場地的限制，可以兩人玩，也可以多人玩，當大夥需要找出一位替代鬼時，來一盤猜拳遊戲立即可以解決。App Inventor 2 提供 **藍牙伺服端**、**藍牙客戶端** 元件可以完成 Server 和 Client 的連線和通訊，利用此通訊架構，即可以製作藍牙的連線遊戲。我們以最簡單的猜拳遊戲，結合藍牙的連線和通訊，讓兩台行動裝置進行遊戲。

# 7.1 專題介紹：藍牙猜拳對戰

猜拳遊戲是最簡便的遊戲，不用任何的道具，也沒有場地的限制，可以兩人玩，也可以多人玩，當大夥需要找出一位公差時，來一盤猜拳遊戲立即可以解決。

藍牙通訊則是愈來愈紅的話題，透過藍牙可以控制滑鼠、電器、機器人，讓生活便利許多，似乎只要掛上藍牙，產品就立即加分，技術好像也高人一等。

App Inventor 2 提供 **藍牙伺服器**、**藍牙客戶端** 元件可以完成 Server 和 Client 的連線和通訊，利用此通訊架構，即可以製作藍牙的連線遊戲。

這個專題，我們以最簡單的猜拳遊戲，結合藍牙的連線和通訊，讓兩台行動裝置進行猜拳遊戲。

裝置 A 先選擇玩家一，另一裝置 B 選擇玩家二，並從 **清單選擇器** 中選擇要連線的藍牙裝置 A 後，按 **連線** 鈕即可進行猜拳遊戲。

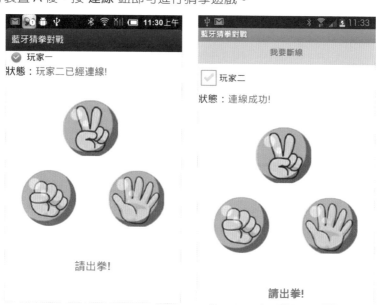

## 7.2 專題重要技巧

兩人猜拳遊戲其實就是兩人之間的彼此通訊,當接收到對方出拳就可和我方的出拳作比對,因此,專題的第一個要務就是解決藍牙通訊問題。

首先,必須使用實體的藍牙設備,開啟雙方的藍牙裝置,進行配對,再以 **藍牙伺服端、藍牙客戶端** 元件製作 Server 和 Client 的連線和通訊,利用此通訊架構,製作藍牙的連線遊戲。

### 7.2.1 開啟藍牙與進行配對

藍牙裝置連線前,必須先進行配對,步驟如下:

1. **雙方開啟藍牙**:開啟雙方的藍牙裝置,並設定裝置可見於其他藍牙裝置,讓其他的藍牙裝置可以搜尋到。

2. **搜尋藍牙裝置**:雙方開始以掃描裝置搜尋,若搜尋到會將裝置顯示在藍牙裝置清單中。

3. **雙方配對**:點選藍牙裝置清單中的藍牙裝置,即會出現要求藍牙配對的視窗,詢問是否要配對。

不同的裝置操作可能不相同,但原理應該是類似的。我們以 I9300 和 I9000 為例。

### 開啟藍牙裝置 A

藍牙裝置 A 以 GT-I9300 為例,開啟 GT-I9300 藍牙後,核選裝置可見於其他藍牙裝置,讓其他藍牙裝置可以搜尋到。

## 開啟藍牙裝置 B 和可偵測性

藍牙裝置 B 以 GT-I9000 為例，開啟 GT-I9000 藍牙和可偵測性設定後按 **掃描裝置**，將可搜尋到藍牙裝置 A：GT-I9300，此時藍牙裝置 B 的藍牙裝置清單中會出現 GT-I9300。同樣的操作，也可在藍牙裝置 A：GT-I9300 中按 **搜尋** 按鍵，完成後 GT-I9300 的可用裝置也會出現藍牙裝置 B：GT-I9000 。

## 進行配對

點選藍牙裝置 A 或藍牙裝置 B 清單中的藍牙裝置，會出現要求藍牙配對的視窗，詢問是否要配對。例如：下一頁左上圖為在藍牙裝置 A：GT-I9300 的可用裝置中，按 GT-I9000 和藍牙裝置 B 進行配對。此時右上圖中藍牙裝置 B：GT-I9000 也會自動跳出藍牙配對要求的視窗，分別按下 **確定** 和 **配對** 即可完成配對。

配對完成後，在配對裝置中會出現配對的裝置名稱。

## 7.2.2 藍牙連線和通訊

建立藍牙配對後，即可以 Server、Client 的方式進行連線，並進行 Server 和 Client 間的資料傳輸。

## 連線的架構

首先必須以 App Inventor 2 提供的 **藍牙伺服器**、**藍牙客戶端** 元件建立連線，連線的架構如下：

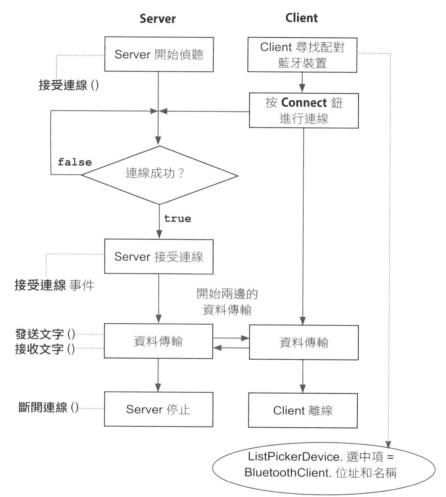

1. Server 以 **接受連線** () 開始偵聽。

2. Client 尋找配對藍牙裝置後按 **Connect** 按鈕和 Server 進行連線。

3. 連線成功會觸發 Server 的 **接受連線** 事件。

4. Server、Client 可以 **發送文字** ()、**接收文字** () 方法進行雙向的通訊。

5. 可以 **斷開連線** () 方法斷線。

本章的所有範例，必須使用兩支行動裝置才能進行測試，而且必須先完成藍牙的配對。首先以 Server、Client 各自獨立的專題說明連線和資料傳輸的架構，在本章後面的範例和專題中，我們會將 Server、Client 合併寫在同一組程式拼塊中，這種方式可以共用一個程式，但程式會更加複雜，因此，讀者務必先將第一個範例 Server、Client 各自獨立專題好好研究。

### ▶ 範例：藍牙連線並進行資料傳輸

以 **藍牙伺服器**、**藍牙客戶端** 元件建立連線，並進行資料傳輸，同時在斷線時，傳送一個斷線訊息給對方。

(Server 端：<ex_BTServer.aia>、Client 端：<ex_BTClient.aia>)

Server 執行後自動進入偵聽狀態，等待 Client 連線。也可以按下 **偵聽** 按鈕進入偵聽狀態，按下 **停止** 按鈕則結束偵聽。

 **必須使用實機執行**

因本範例使用藍牙通訊功能，因此必須使用兩支行動裝置執行。

Client 先按 **選取藍牙裝置** 鈕開啟 **清單選擇器**，從清單中選取配對的藍牙裝置 ( 即 Server 這支手機 )，然後如下一頁左上圖按 **連線** 按鈕，即可如右上圖和 Sever 建立連線。

建立連線後,即可進行資料傳輸,左下圖 Client 送出「client say」,然後按 **傳送**
鈕,右下圖為 Server 接收到傳送的資料,並顯示在接收資料的標籤中。

Client 按 **斷線** 鈕,將結束和 Server 的連線,斷線前會先送一個
「ClientDisconnect」訊息給 Server,Server 接收到此訊息即可知道 Client 已經
斷線了。

本範例由 Server、Client 兩個專題組成，這種各自獨立的方式，對連線的架構較容易理解。

## » Server 介面配置

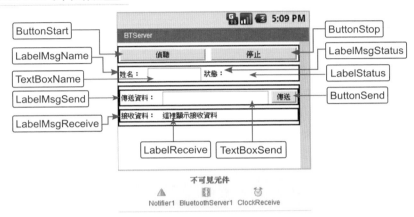

## » Server 使用元件及其重要屬性

| 名稱 | 屬性 | 說明 |
|---|---|---|
| ButtonStart | **文字**：偵聽 | Server 開始偵聽。 |
| ButtonStop | **文字**：停止 | Server 停止偵聽。 |
| LabelMsgName | **文字**：姓名 | 顯示提示訊息。 |
| TextBoxName | **文字**：無 | 顯示訊息「Server」。 |
| LabelMsgStatus | **文字**：狀態 | 顯示提示訊息。 |
| LabelStatus | **文字**：無 | 顯示目前的連線狀態。 |
| LabelMsgSend | **文字**：傳送資料 | 顯示提示訊息。 |
| TextBoxSend | **文字**：無 | 輸入欲傳送的資料。 |
| ButtonSend | **文字**：傳送 | 傳送資料按鈕。 |
| LabelMsgReceive | **文字**：接收資料 | 顯示提示訊息。 |
| LabelReceive | **文字**：這裡顯示接收資料 | 顯示接收的資料。 |
| Notifier1 | | 顯示連線的狀態。 |
| BluetoothServer1 | | 藍牙 Server 元件。 |
| ClockReceive | **計時間隔**：1000 | 定時接收 Client 傳送的資料。 |

## » Client 介面配置

## » Client 使用元件及其重要屬性

| 名稱 | 屬性 | 說明 |
|---|---|---|
| ButtonConnect | **文字**：連線 | 和 Server 連線。 |
| ListPickerDevice | **文字**：選取藍牙裝置 | 選取藍牙配對的裝置。 |
| ButtonDisconnect | **文字**：斷線 | 和 Server 斷線。 |
| LabelMsgName | **文字**：姓名 | 顯示提示訊息。 |
| TextBoxName | **文字**：無 | 顯示訊息「Client」。 |
| LabelMsgStatus | **文字**：狀態 | 顯示提示訊息。 |
| LabelStatus | **文字**：無 | 顯示目前的連線狀態。 |
| LabelMsgSend | **文字**：傳送資料 | 顯示提示訊息。 |
| TextBoxSend | **文字**：無 | 輸入欲傳送的資料。 |
| ButtonSend | **文字**：傳送 | 傳送資料按鈕。 |
| LabelMsgReceive | **文字**：接收資料 | 顯示提示訊息。 |
| LabelReceive | **文字**：這裡顯示接收資料 | 顯示接收的資料。 |
| Notifier1 | | 顯示連線的狀態。 |
| BluetoothClient1 | | 藍牙 Client 元件。 |
| TinyDB1 | | 儲存選取的藍牙裝置。 |
| ClockReceive | **計時間隔**：1000 | 定時接收 Server 傳送的資料。 |

## » Server 程式拼塊

1. 程式啟動執行或按下 **偵聽** 按鈕，即進入偵聽，等待 Client 連線。

**1** 關閉接收資料的計時器。

**2** 設定辨識名稱為「Server」。

**3** 以 **接受連線** 設定接受 Client 連線，其中的參數 **服務名稱** 為一自訂的字串，本例為「BTServer」，同時顯示「Server AcceptConnection」訊息，表示 Server 正在等待連線中。

**4** 也可以按下 **偵聽** 按鈕接受 Client 連線。

2. 接下來，必須操作 Client 端，按下 Client 端的 **連線** 按鈕，完成 Client 和 Server 的連線。當 Client 連線成功會觸發 Server 的 **接收連線** 事件。

**1** 啟動接收資料的計時器。

**2** 以 Notifier1 顯示連線成功的訊息。

**3** 以 LabelStatus 標籤顯示連線成功的訊息。

**4** 清除接收資料的標籤元件。

3. 當 Server 和 Client 連線成功之後，即可以在 TextBoxSend 文字方塊中輸入文字，然後按 **傳送** 按鈕，將資料傳送至對方。這個傳送的動作，可由 Server 或 Client 任一方主動傳送，並無先後順序。

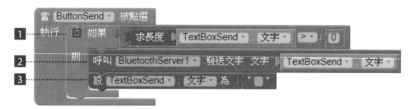

**1** 確認有輸入資料才傳送。

**2** 以 **發送文字** 方法傳送資料。

**3** 清除輸入資料的文字方塊，方便下一次再輸入。

4. 接收資料是由 **計時器** 在背後處理，當發現串列埠有資料時，即接收資料並顯示在 LabelReceive 標籤中。

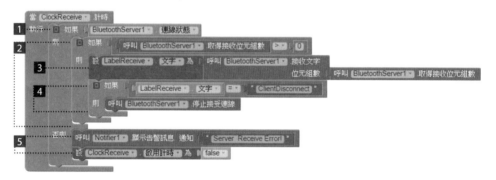

**1** 確認已經連線成功。

**2** 檢查是否有資料傳送過來。

**3** 以 **接收文字** 方法接收資料，並顯示在 LabelReceive 標籤中。

**4** 當 Client 連線時，會觸發 Server 的 **接收連線** 事件，所以可以在 **接收連線** 事件處理連線事宜。但是當 Client 斷線時，並不會觸發 Server 的任何事件，也就是說 Server 其實不知道 Client 已斷線。為了解決這個問題，這裡使用一個特殊的技巧，在 Client 未斷線前，先送一個「ClientDisconnect」的訊息，當作 Client 斷線的識別指令。如此，當 Server 接收到此「ClientDisconnect」的訊息，即知道 Client 已經斷線。

**5** 如果連線失敗，會顯示「Server Receive Error!」訊息，並停止計時器。

5. 藍牙連線或資料接收產生錯誤的處理。

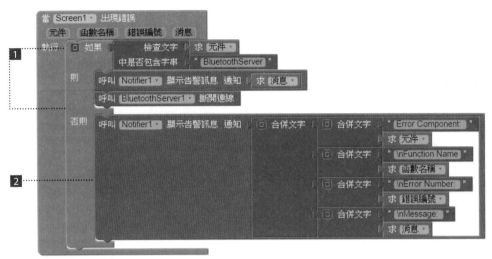

■ 如果錯誤訊息包含「BluetoothServer」表示是藍牙連線發生錯誤，以 Notifer1 對話框顯示錯誤訊息，同時以 **斷開連線** 方法斷線。

■ 其他的錯誤如資料接收錯誤，將發生錯誤的元件、程序名稱、行號和錯誤資訊分別顯示，以利除錯。

6. 按下 **停止** 按鈕。

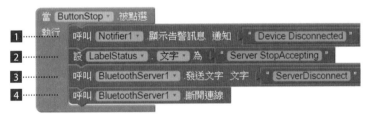

■ 以 Notifier1 對話框顯示斷線的訊息。

■ 以 LabelStatus 標籤顯示斷線的訊息。

■ Server 斷線前，先送一個「ServerDisconnect」的訊息，當作 Server 斷線的識別指令。如此，當 Client 接收到此「ServerDisconnect」的訊息，即知道 Server 已經斷線。

■ Server 以 **斷開連線** 方法斷線。

## » Client 程式拼塊

1. 建立全域變數 DeviceMac 記錄目前配對的藍牙裝置。

2. 將所有的藍牙裝置加入 ListPickerDevice 清單選擇器中，然後在清單中選取一個藍牙裝置，並以 **微資料庫** 儲存此選取的裝置。

**1** 先將藍牙斷線。

**2** 將所有藍牙裝置加入 ListPickerDevice 清單選擇器中。

**3** 在清單中選取一個藍牙裝置，並儲存在 **微資料庫** 中，清單預設會顯示上次儲存在 **微資料庫** 的藍牙裝置。

**4** 剛開始先顯示 **連線** 按鈕，隱藏 **斷線** 按鈕。

**5** 提示按 **連線** 按鈕進行連線。

3. 程式啟動執行時檢查藍牙是否配對。

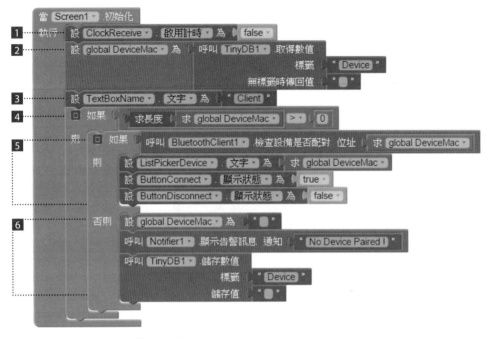

■1 關閉接收資料的計時器。

■2 從 **微資料庫** 中取得上次使用的藍牙裝置。

■3 設定名稱為「Client 」。

■4 如果有取得藍牙裝置，才進行配對。

■5 配對成功的處理：設定選取的藍牙裝置、顯示 **連線** 按鈕、隱藏 **斷線** 按鈕。

■6 配對失敗的處理：以 Notify1 對話框顯示錯誤訊息，清除 **微資料庫**。

4. 按下 **連線** 按鈕，開始和 Server 連線。

**1** 確認已配對成功才允許連線。

**2** 和 Server 連線，連線成功顯示「Device Connected!」訊息。

**3** 連線失敗。

5. 連線成功之後，即可以在 TextBoxSend 文字方塊中輸入文字，然後按 **傳送**
   按鈕，將資料傳送至對方。

**1** 確認有輸入資料才傳送。

**2** 以 **發送文字** 方法傳送資料。

**3** 清除輸入資料的文字方塊，方便下一次再輸入。

6. 接收資料是由 **計時器** 在背後處理，當發現串列埠有資料時，即接收資料並顯
   示在 LabelReceive 標籤中。

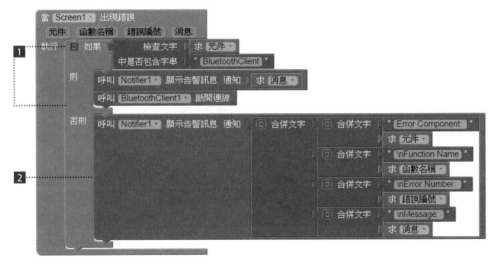

1 確認已經連線成功。

2 檢查是否有資料傳送過來。

3 以 **接收文字** 方法接收資料，並顯示在 LabelReceive 標籤中。

4 Client 對 Server 斷線的處理：Server 未斷線前，會先送一個「ServerDisconnect」的訊息，當作 Server 斷線的識別指令，如此，當 Client 接收到此「ServerDisconnect」的訊息，即知道 Server 已經斷線。

5 如果連線失敗，顯示「Client Receive Error!」訊息，並停止計時器。

7. 藍牙連線或資料接收產生錯誤的處理。

1 如果是藍牙 Client 連線發生錯誤，以 Notify1 對話框顯示錯誤訊息，並以 **斷開連線** 方法斷線。

2 其他錯誤的處理。

8. 按下 **斷線** 按鈕。

**1** 以 Notifier1 顯示斷線的訊息。

**2** 顯示 **連線** 按鈕、隱藏 **斷線** 按鈕、顯示 ListPickerDevice 清單選擇器，同時以 LabelStatus 標籤顯示斷線的訊息。

**3** Client 斷線前，先送一個「ClientDisconnect」的訊息，當作 Client 斷線的識別指令，當 Server 接收到此「ClientDisconnect」訊息，即知道 Client 已經斷線。

**4** 以 **斷開連線** 方法斷線。

## 7.2.3 藍牙連線 Server、Client 整合架構

前面的範例採用 Server、Client 兩個專題各自獨立的方式，因為它較容易說明藍牙連線的基本架構。

有時會故意將程式全部寫在一個專題中，好處是只需要一個專題即可，如此就必須將 Server、Client 的功能同時寫在這個專題中，可想而知，程式當然複雜許多。

接下來的引導範例，仍然和前一範例的操作相同，不過，程式是使用 Server、Client 整合在同一個專題的架構。

### ▶ 範例：藍牙連線整合架構並進行資料傳輸

以**藍牙伺服器**、**藍牙客戶端** 元件建立連線並整合為一個專題，進行資料傳輸，同時在斷線時，傳送一個斷線訊息給對方。(<ex_Communication.aia>)

因為要將 Server、Client 的功能寫在同一個專題，介面設計上必須做一些改變，讓使用者可以選擇扮演的角色，方便在執行時明確指定自己的角色是 Server 或是 Client。

## 設定為 Server

執行後出現 Server 或 Client 的核取方塊，首先核選 Server，也可輸入 Server 端的姓名，省略時預設姓名為「Server」，狀態顯示「等待連線中」，表示正等待 Client 連線。如果再按下 Server 的核取方塊則會取消 Server 的連線等待。

## 設定為 Client

另外一台手機則必須扮演 Client 的角色，核取 Client 後，即可在裝置清單選取 已配對的藍牙裝置，也可輸入 Client 端的姓名，省略時預設姓名為「Client」，狀態顯示「I am Client」，表示扮演的角色是 Client。選取配對的藍牙裝置，最後按 **連線** 按鈕即可和 Sever 建立連線。

## Client 連線成功

Client 連線成功的畫面如下，狀態顯示「連線成功」，同時也以 **對話框** 顯示「連線成功！」訊息。此後，即可輸入資料後按 **傳送** 鈕和 Server 進行資料傳輸。當 然也可以按下 **斷線** 鈕和 Server 斷線，右下圖為斷線後 Client 的畫面。

## Server、Client 資料相互傳輸

Client 傳送「client is ready」，Server 顯示接收到的資料；同時，Server 也傳送「server have received 」給 Client，Client 顯示接收到的資料。

## Server 接收 Client 斷線後的畫面

Client 按 **斷線** 鈕，將結束和 Server 的 連線，斷線前先送一個「ClientDisconnect」訊息給 Server，Server 接收此訊息即可知道 Client 已經斷線。本範例中，我們故意將 Server 的斷線按鈕隱藏，以避免不當的操作將 Server 斷線。

## » 介面配置

介面中第一列 HerArrConnect 水平布局中共包含 **連線**、**斷線** 兩個按鈕和 **選取藍牙裝置** 的 **清單選擇器**，程式剛開始，會將 HerArrConnect 水平版面隱藏起來。

介面中第二列 HerArrMode 水平布局中共包含 Server、Client 兩個核取方塊。

介面中第三列 HerArrStatus 水平布局用以顯示連線者的姓名和目前的連線狀態。

介面中第四列 VerArrChat 垂直布局中包含 HorArrSend、HorArrReceive 兩個水平布局，為傳送和接收資料的介面，程式剛開始也是將它隱藏起來，等連線成功後才顯示出來。

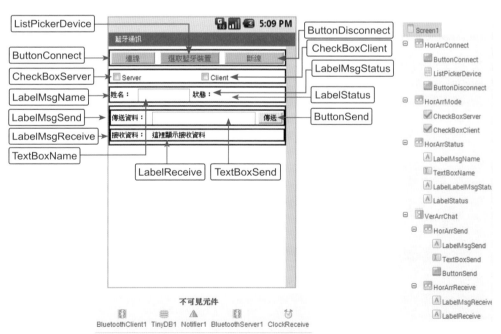

## » 使用元件及其重要屬性

| 名稱 | 屬性 | 說明 |
|---|---|---|
| ButtonConnect | 文字：連線 | 和 Server 連線。 |
| ListPickerDevice | 文字：選取藍牙裝置 | 選取藍牙配對的裝置。 |
| ButtonDisconnect | 文字：斷線 | 和 Server 斷線。 |
| CheckBoxServer | 文字：Server | 扮演角色是 Server。 |
| CheckBoxClient | 文字：Client | 扮演角色是 Client。 |
| LabelMsgName | 文字：姓名 | 顯示提示訊息。 |
| TextBoxName | 文字：無 | 輸入名稱。 |
| LabelMsgStatus | 文字：狀態 | 顯示提示訊息。 |
| LabelStatus | 文字：無 | 顯示目前的連線狀態。 |
| LabelMsgSend | 文字：傳送資料 | 顯示提示訊息。 |
| TextBoxSend | 文字：無 | 輸入欲傳送的資料。 |
| ButtonSend | 文字：傳送 | 傳送資料按鈕。 |
| LabelMsgReceive | 文字：接收資料 | 顯示提示訊息。 |
| LabelReceive | 文字：這裡顯示接收資料 | 顯示接收的資料。 |
| BluetoothClient1 | | 藍牙 Client 元件。 |
| TinyDB1 | | 儲存選取的藍牙裝置 |
| Notifier1 | | 顯示連線的狀態。 |
| BluetoothServer1 | | 藍牙 Server 元件。 |
| ClockReceive | 計時間隔：1000 | 定時接收傳送的資料。 |

## » 程式拼塊

1. 建立全域變數 DeviceMac 記錄目前配對的藍牙裝置，mode 記錄扮演的角色，預設是 server。

初始化全域變數 DeviceMac 為 " 🔲 " 初始化全域變數 mode 為 " server "

2. 核選 Server 的處理。

**1** 核選 Server 方塊，顯示「等待連線中！」，並等待連線，同時隱藏 Client 核取方塊。

**2** 取消核選 Server，停止接受連線，顯示 Client 核取方塊。

3. 核選 Client 的處理：當 Server 核選完畢後，即可在另一支行動裝置核選 Client。

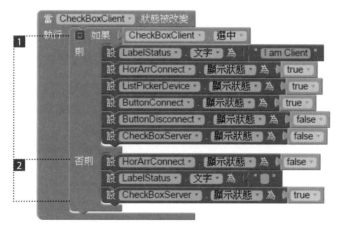

**1** 核選 Client 方塊，顯示「I am Client」，並將 HorArrConnect 水平版面中的 **連線**、**選取藍牙裝置** 按鈕顯示出來，同時隱藏 Server 核取方塊。

**2** 取消核選 Client，將 HorArrConnect 水平版面隱藏，清除目前工作模式，顯示 Server 核取方塊。

4. 將所有藍牙裝置加入 ListPickerDevice 清單選擇器中，然後在清單中選取一個藍牙裝置，並以 **微資料庫** 儲存此選取的裝置。

**1** 顯示清單選擇器前：藍牙斷線，將所有藍牙裝置加入 ListPickerDevice 清單選擇器中。

**2** 選取一個藍牙裝置後，將其儲存在 **微資料庫** 中。

**3** 顯示 **連線** 按鈕，隱藏 **斷線** 按鈕，並提示按 **連線** 按鈕進行連線。

5. 程式啟動執行時檢查藍牙是否配對。

**1** 關閉接收資料的計時器、隱藏連線和斷線、隱藏資料傳輸的水平布局，從 **微資料庫** 中取得已配對的藍牙裝置以及角色的名稱。

**2** 如果有取得藍牙裝置，才進行配對。

**3** 配對成功的處理。

**4** 配對失敗的處理。

6. 按下 **連線** 按鈕，開始和 Server 連線。

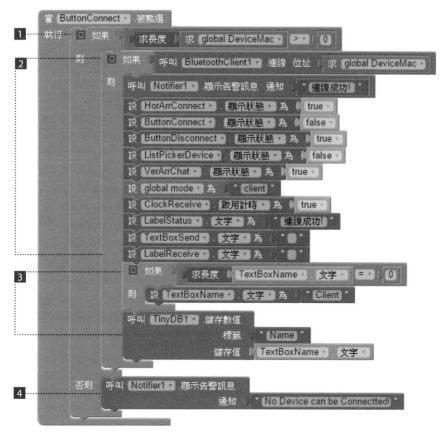

**1** 確認已配對成功才允許連線。

**2** 連線成功，顯示「連線成功！」訊息、斷線按鈕、資料傳輸水平布局，並設定 mode 為 client，表示扮演的角色為 client，同時啟動計時器開始接收對方傳送的資料。

**3** 如果未輸入名稱，設定名稱為「Client」，並儲存到 **微資料庫** 中。

**4** 連線失敗。

7. 當 Client 連線成功，會觸發 Server 的 **接受連線** 事件。

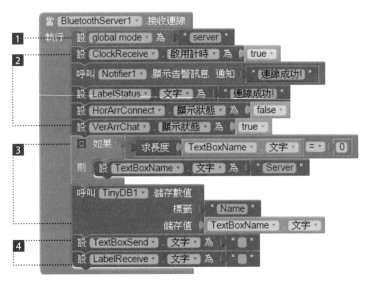

1 設定 mode 為 server，表示角色為 Server。

2 顯示「連線成功」訊息，隱藏連線的版面，顯示資料傳輸的版面。

3 如果未輸入 Server 的名稱，預設名稱為「Server」，並儲存至資料庫中。

4 剛開始先清除資料。

8. 連線成功之後，即可進行 Server、Client 的資料傳輸，分別處理 Server、Client 的傳送資料。

9. **計時器** 在背後處理資料接收，當發現串列埠有資料時，即將資料接收並顯示在 LabelReceive 標籤中。

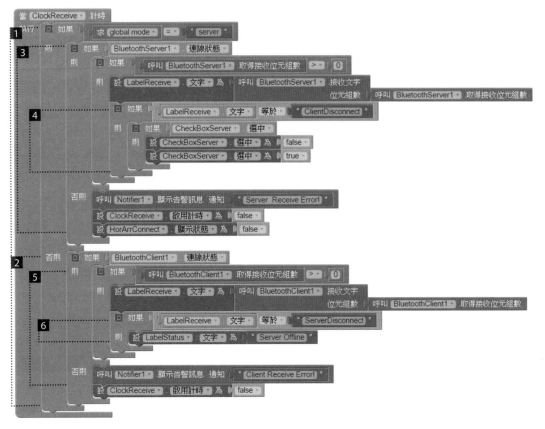

**1** 處理 Server 的資料接收。

**2** 處理 Client 的資料接收。

**3** 確認已經連線成功，顯示接收的資料。

**4** 處理 Client 傳送過來的斷線指令，本例中是先設定 CheckBoxServer. **選中** = false 觸發 CheckBoxServer. **狀態被改變** 事件，執行 BluetoothServer. **斷開連線** 方法將 Server 斷線。

接著再設定 CheckBoxServer. **選中** = true 觸發 CheckBoxServer. **狀態被改變** 事件，執行 BluetoothServer. **接收連線** 方法等待連線。

**5** 檢查是否有資料傳送過來，並顯示接收的資料。

**6** 處理 Server 傳送過來的斷線指令。

10. 藍牙連線或資料接收產生錯誤的處理。

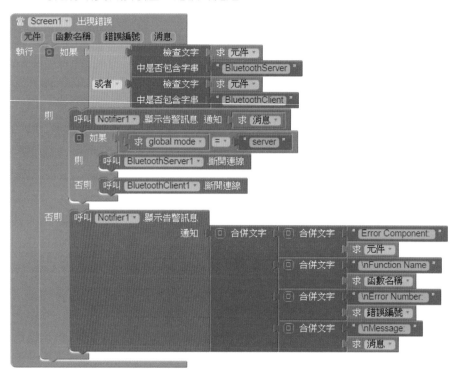

11. 確認是否斷線：按下 **Yes** 按鈕，確認斷線。

12. 處理 Server、Cient 的斷線。

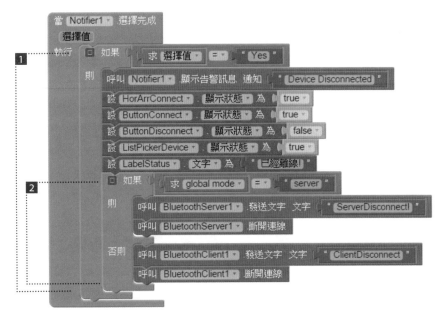

☐ Notifier1 訊息視窗按下 **Yes** 按鈕開始處理斷線，顯示目前狀態為「已經離線！」。同時也顯示 **連線** 按鈕、隱藏 **斷線** 按鈕、顯示 **清單選擇器**。

☐ 分別處理 Server、Client 斷線前，先送一個「ServerDisconnect」或「ClientDisconnect」的訊息，當作斷線的識別指令。最後以 **斷開連線** 方法斷線。

## 7.3 專題實作：藍牙猜拳對戰

猜拳遊戲是最簡便的遊戲，不用任何道具，也沒有場地的限制，可以兩人玩，也可以多人玩，當大夥需要找出一位公差時，來一盤猜拳遊戲立即可以解決。

### 7.3.1 專題發想

花了不少心思在解決藍牙通訊上，只是不曉得用在遊戲上效果如何，會不會有傳輸 Delay 的問題，就在這樣的疑問中，挑戰了這個專題，以相同的架構，其實我們也實作了藍牙雙人賓果遊戲、藍牙雙人乒乓球遊戲，效果其實還不錯。

### 7.3.2 專題總覽

這個專題，利用藍牙連線和通訊，以兩台行動裝置進行猜拳遊戲。專題路徑：<mypro_MoraGames.aia>。

裝置 A 先選擇玩家一，另一裝置 B 選擇玩家二後，按 **連線** 鈕即可進行猜拳遊戲。下圖為連線完成後準備猜拳的畫面。

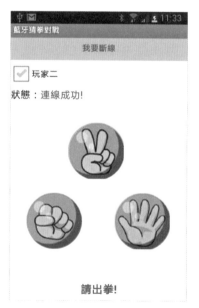

以下為玩家一出「石頭」，玩家二出「剪刀」，顯示結果「玩家一贏」、「玩家二輸」。

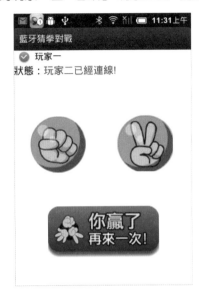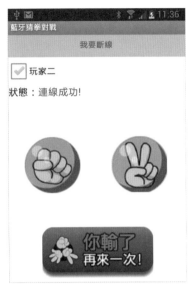

雙方出拳相同時，得到的平手畫面。

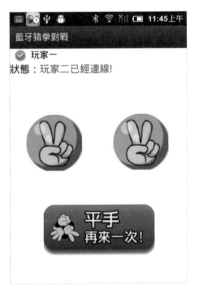

### 7.3.3 介面配置、使用元件及其重要屬性

介面配置

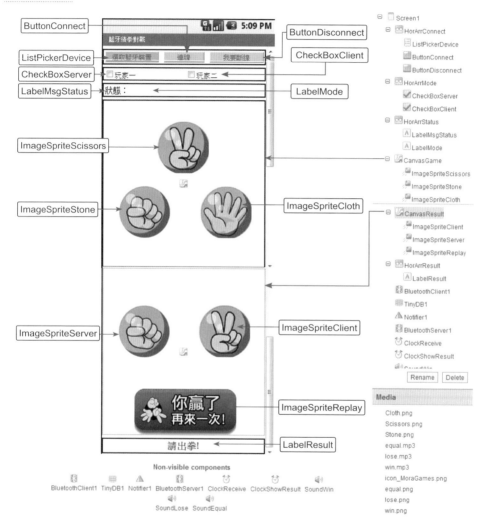

第一列 HorArrConnect 水平布局中共包含 **選取藍牙裝置** 的 ListPickerDevice 和
**連線**、**斷線** 兩個按鈕，程式開始時，會將 HerArrConnect 水平布局隱藏起來。

第二列 HorArrMode 水平布局中共包含 **玩家一**、**玩家二** 兩個核取方塊。

第三列 HorArrStatus 水平布局用以顯示目前的連線狀態。

第四列 CanvasGame 為猜拳遊戲時出拳的選擇畫面，包含剪刀、石頭、布
三個圖片按鈕，程式剛開始也是將它隱藏起來，等連線成功後才顯示出來。

第五列 CanvasResult 顯示猜拳後的結果，左邊為玩家一出拳，右邊則為玩家二出拳，同時也佈置一個 ImageSpriteReplay 顯示勝負以及要求再玩的畫面，程式剛開始也是將它隱藏起來，等雙方都出拳之後才顯示出來。第六列 HorArrResult 包含一個標籤，用以顯示「請出拳」閃爍文字。

## 使用元件及其重要屬性

| 名稱 | 屬性 | 說明 |
|------|------|------|
| Screen1 | 標題：藍牙猜拳對戰<br>圖示：icon_MoraGames.png<br>畫面方向：鎖定直式方向 | 設定應用程式標題、圖示，螢幕方向為直向。 |
| ListPickerDevice | **文字**：選取藍牙裝置 | 選取配對的藍牙裝置。 |
| ButtonConnect | **文字**：連線 | 和 Server 連線。 |
| ButtonDisconnect | **文字**：斷線 | 和 Server 斷線。 |
| CheckBoxServer | **文字**：玩家一 | 扮演角色是 Server。 |
| CheckBoxClient | **文字**：玩家二 | 扮演角色是 Client。 |
| LabelMsgStatus | **文字**：狀態 | 顯示提示訊息。 |
| LabelMode | **文字**：無 | 顯示目前的連線狀態。 |
| ImageSpriteScissors | **圖片**：Scissors.png | 剪刀。 |
| ImageSpriteStone | **圖片**：Stone.png | 石頭。 |
| ImageSpriteCloth | **圖片**：Cloth.png | 布。 |
| ImageSpriteServer | **圖片**：Stone.png | 顯示玩家一出拳。 |
| ImageSpriteClient | **圖片**：Scissors.png | 顯示玩家二出拳。 |
| ImageSpriteReplay | **圖片**：win.png | 贏拳及再玩一次畫面。 |
| LabelResult | **文字**：請出拳！ | 顯示請出拳閃爍文字。 |
| BluetoothClient1 | | 藍牙 Client 元件。 |
| TinyDB1 | | 儲存選取的藍牙裝置 |
| Notifier1 | | 顯示連線的狀態。 |
| BluetoothServer1 | | 藍牙 Server 元件。 |
| ClockReceive | **計時間隔**：1000 | 定時接收傳送的資料。 |
| ClockShowResult | **計時間隔**：800 | 顯示請出拳閃爍文字。 |
| SoundWin | **來源文件**：win.mp3 | 贏拳音效。 |
| SoundLose | **來源文件**：lose.mp3 | 輸拳音效。 |
| SoundEqual | **來源文件**：equal.mp3 | 平手音效。 |

## 7.3.4 專題執行流程

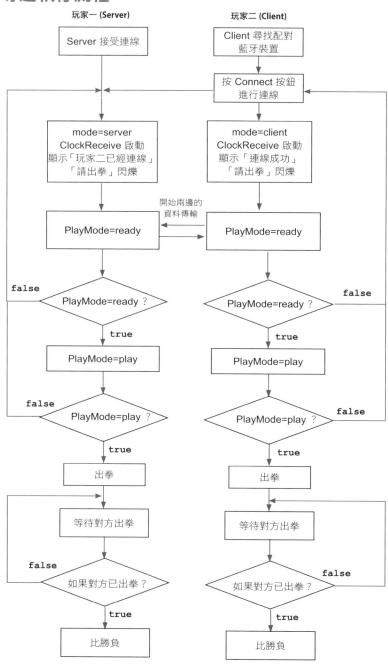

玩家一 (Server)　　　玩家二 (Client)

Server 接受連線　　　Client 尋找配對藍牙裝置

按 Connect 按鈕進行連線

mode=server
ClockReceive 啟動
顯示「玩家二已經連線」
「請出拳」閃爍

mode=client
ClockReceive 啟動
顯示「連線成功」
「請出拳」閃爍

開始兩邊的資料傳輸

PlayMode=ready　　　PlayMode=ready

false　PlayMode=ready？　false

true　　　true

PlayMode=play　　　PlayMode=play

false　PlayMode=play？　false

true　　　true

出拳　　　出拳

等待對方出拳　　　等待對方出拳

false　如果對方已出拳？　false

true　　　true

比勝負　　　比勝負

### 7.3.5 專題分析和程式拼塊說明

1. 定義全域變數。

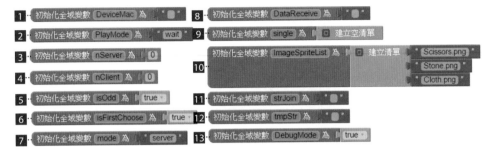

■1 設定配對的藍牙裝置。

■2 設定目前遊戲的模式，wait 是初始狀態。

■3 nServer 記錄玩家一 (Server) 出的拳種，0 表示尚未出拳，1~3 分別表示剪刀、石頭、布。

■4 nClient 記錄玩家二 (Client) 出的拳種，0 表示尚未出拳，1~3 分別表示剪刀、石頭、布。

■5 isOdd 記錄顯示「請出拳」閃爍文字是否要清除文字，達到閃爍效果。

■6 isFirstChoose 記錄是否已經出拳。

■7 mode 記錄扮演的角色，玩家一是 Server。

■8 DataReceive 遊戲中傳送的資料，實際上傳送的是出的拳種。

■9 將接收的資料，分解後以 single 清單儲存。

■10 imageSpriteList 清單儲存剪刀、石頭、布的圖形。

■11 strJoin 為出的拳種，資料格式為「play,n」，資料以「,」做分隔，play 表示對方已經出拳，n 為對方出的拳種，1~3 分別表示剪刀、石頭、布。

■12 tmpStr 儲存閃爍文字，以便在刪除閃爍文字後再次取回，達到閃爍效果。

■13 DebugMode 設定是否要使用除錯模式，true 表示要使用除錯模式。

2. 建議以 DebugMode=true 設定為除錯模式，在標題列顯示訊息，方便追蹤執行過程，等專題完成後再以 DebugMode=false 將除錯模式取消。

   設定後，標題列會顯示訊息，例如：nSer=0、nCli=1、PlayMode=ready 表示玩家一尚未出拳、玩家二出剪刀。

3. ShowDebugMsg 自訂程序。設定當 DebugMode=true 時在標題列顯示除錯訊息，顯示玩家一、玩家二出的拳種 nServer、nClient 和目前遊戲模式 PlayMode。

4. 核選 Server 的處理 ( 玩家一 )。

**1** 顯示「等待連線中！」，並等待連線，同時隱藏 **玩家二** 核取方塊。

**2** 中斷連線，顯示 **玩家二** 核取方塊，隱藏猜拳遊戲的顯示區域。

5. Offline 自訂程序：顯示「已經離線！」，隱藏猜拳、猜拳後比勝負、「請出拳」等進行猜拳遊戲的顯示區塊。

6. 核選 Client ( 玩家二 )。

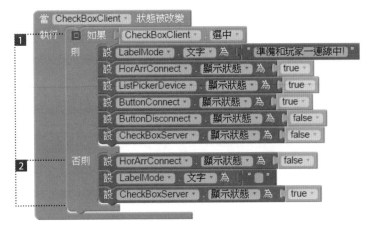

▇1 核選 Client 方塊,顯示「準備和玩家一連線中!」,顯示 **連線**、**選取藍牙裝置** 按鈕,同時隱藏 **玩家一** 核取方塊。

▇2 取消核選 Client,隱藏 HorArrConnect 水平布局,顯示 **玩家一** 核取方塊。

7. 將所有的藍牙裝置加入 ListPickerDevice 中,然後在清單中選取一個藍牙裝置,並以 **微資料庫** 儲存此選取的裝置。

▇1 顯示清單選擇器前:藍牙斷線,將所有的藍牙裝置加入 ListPickerDevice 中。

▇2 選取一個藍牙裝置後,將其儲存在 **微資料庫** 中。

▇3 顯示 **連線** 按鈕,隱藏 **斷線** 按鈕,並提示按 **連線** 按鈕進行連線。

8. 藍牙是否配對。

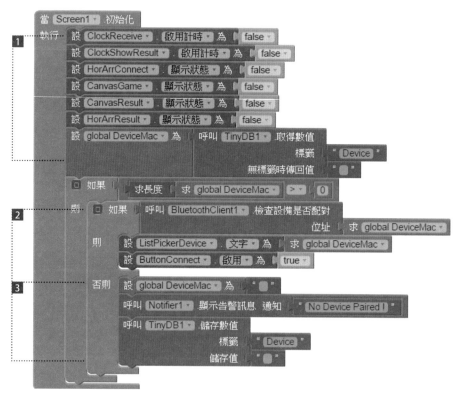

**1** 關閉接收資料和閃爍「請出拳」的計時器、隱藏連線和斷線、猜拳遊戲的版面，從 **微資料庫** 中取得前次使用的藍牙裝置。

**2** 配對成功的處理。

**3** 配對失敗的處理。

9. 按下 **連線** 按鈕，開始和 Server 連線。

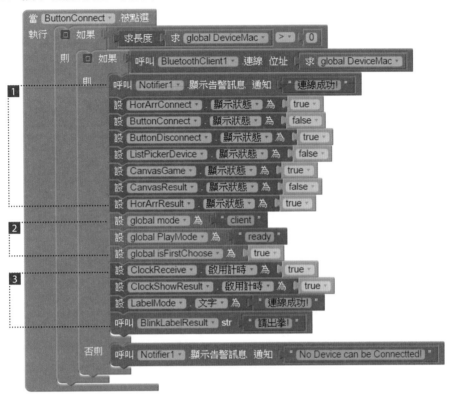

**1** 如果連線成功，顯示 **斷線** 按鈕、猜拳遊戲的版面。

**2** 設定 mode 為 client，PlayMode=ready 表示已經準備完成，可以出拳了，
isFirstChoose=true 表示尚未出拳。

**3** 啟動接收資料和顯示閃爍文字的計時器，顯示「連線成功！」訊息，「請出
拳！」閃爍文字。

10. 當 Client 連線成功，會觸發 Server 的 **接收連線** 事件。

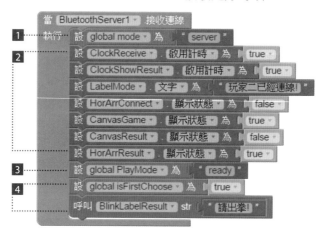

**1** 設定 mode 為 server 表示角色是 Server。

**2** 顯示「玩家二已經連線！」訊息，隱藏連線的版面，顯示猜拳遊戲的版面。

**3** PlayMode=ready 表示目前玩家一 (Server) 端已備妥，對方可以出拳了。

**4** isFirstChoose=true 表示尚未出拳，並閃爍「請出拳！」文字，督促玩家出拳。

11. 進行雙方的猜拳遊戲，按下剪刀，呼叫自訂程序 Choose，並傳遞參數 1，依此類推，按下石頭、布，分別傳遞參數 2、3。

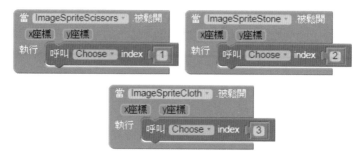

12. Choose 自訂程序。

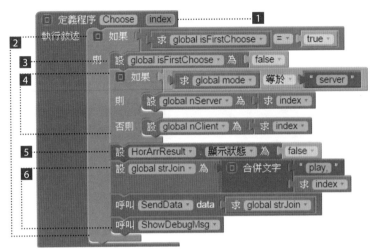

1　接收參數 index。

2　如果尚未出拳才允許出拳，也就是說，即使玩家故意出了多次的拳，但實際上只算第一次出的拳。

3　isFirstChoose=flase 設定第二次以後出拳無效。

4　依目前角色是玩家一或是玩家二，分別以 nServer、nClient 記錄自己出的拳種。

5　出拳後，將「請出拳」的閃爍文字隱藏。

6　將出的拳種傳送給對方，資料格式為「play,index」，資料以「,」做分隔，play 表示已經出拳，index 由 1~3 分別表示剪刀、石頭、布。

13. 自訂程序 SendData 接收參數 data 後，進行 Server、Client 的資料傳輸。

14. **計時器** 在背後處理資料接收，當對方出拳時，即應作處理。這裡的程式拼塊太龐大，我們先列出 Server 接收資料的處理方式。

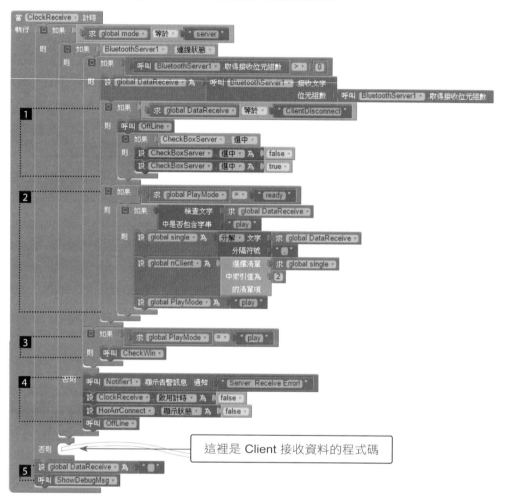

這裡是 Client 接收資料的程式碼

**1** 如 果 接 收 的 是 ClientDisconnect 表 示 玩 家 二 (Client) 已 斷 線 ( 但 Server 並未斷線 )，因此 Client 可以再按 **連線** 和 Server 重新連線。CheckBoxServer. **選中** = false、CheckBoxServer. **選中** = true 就是用以處理這個重新連線的設定。

當 CheckBoxServer. **選中** = false 時，執行 BluetoothServer1. **斷開連線** 停止連線，然後在 CheckBoxServer. **選中** = true 時，執行 BluetoothServer1. **接受連線** 等待重新連線。

2 如果 PlayMode=ready，表示雙方已備妥，可以取得對方猜的拳，接收的資料位於變數 DataReceive 中，判斷資料是否為「play,n」的格式，是就將 n 分解出來，並設定 PlayMode=play，讓遊戲進入比勝負的模式。

3 如果 PlayMode=play 即以自訂的 CheckWin 比勝負，要比勝負的情況必須是雙方都已出拳，若只有一方出拳仍必須在原地等待，直到自己和對方都出拳為止。

4 Server 連線失敗，顯示錯誤訊息、停止計時器、隱藏猜拳遊戲的區塊。

5 記得要清除接收的資料，否則會有錯誤動作。

下列為 Client 接收資料後的處理方式，雖然 Client 接收資料後的處理方式和 Server 相似，但為利於讀者研讀，我們將此部分程式拼塊列出。

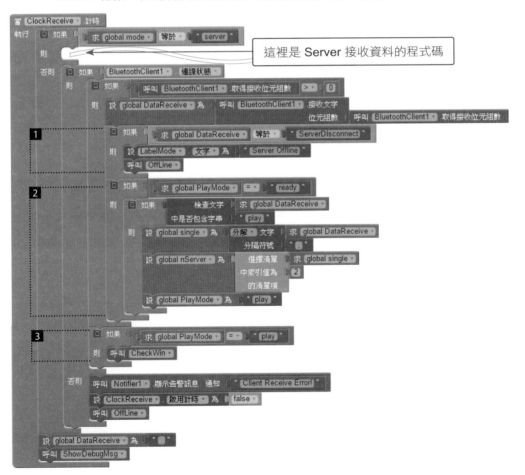

**1** Server 斷線的處理。

**2** 如果 PlayMode=ready，表示雙方已備妥，判斷資料是否為「play,n」的格式，如果是就將 n 分解出來，並設定 PlayMode=play，讓遊戲進入比勝負的模式。

**3** 以自訂的 CheckWin 比勝負。

15. 判斷勝負：勝負狀況只有 3 種，由於程式拼塊稍大，我們先列出平手的情況。

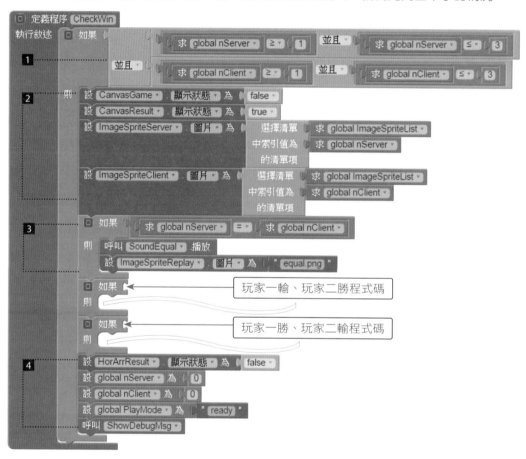

**1** 確認雙方都已出拳。

**2** 隱藏猜拳畫面、顯示比勝負畫面，並顯示玩家一、玩家二猜出的拳。

**3** 當 nServer=nClient 就是「平手」，發出平手的音效，imageSpriteReplay 按鈕顯示「平手，重新再玩」圖示。

**4** 隱藏「請出拳」區塊，設 nServer=0、nClient=0、PlayMode=ready，準備進入下一次猜拳。

玩家一輸、玩家二勝的程式碼。另一玩家一勝、玩家二輸程式碼雷同，不再列出。

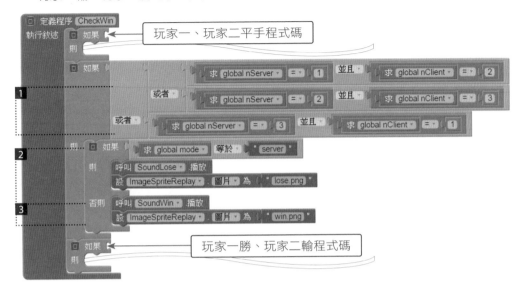

**1** 當玩家一、玩家二對戰狀況是「剪刀、石頭」或「石頭、布」或「布、剪刀」，都是玩家一輸、玩家二勝。

**2** 玩家一顯示輸拳畫面，並播放輸拳音效。

**3** 玩家二顯示贏拳畫面，並播放贏拳音效。

16. 重新再玩。

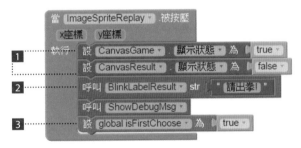

**1** 顯示比勝負區塊、隱藏猜拳區塊。

**2** 顯示「請出拳」閃爍文字。

**3** 設定 isFirstChoose=ture 準備再出拳。

17. BlinkLabelResult 自訂程序。

**1** 參數 str 為要閃爍顯示的文字。

**2** 以 ClockShowResult 計時器,閃爍顯示 LabelResult 標籤。

18. ClockShowResult. **計時** 事件輪流閃爍顯示 LabelResult 標籤。

**1** 如果 isOdd=true,將閃爍顯示的文字先儲存在全域變數 tmpStr 中,並清除 LabelResult 標籤。

**2** 如果 isOdd=false,從 tmpStr 中取得 LabelResult 標籤要閃爍顯示的文字。

19. 藍牙連線或資料接收產生錯誤、確認斷線以及斷線處理,分別是 Screen1. **出現錯誤**、ButtonDisConnectd. **被點選** 和 Notifier1. **選擇完成** 事件,已在藍牙連線 Server、Client 整合架構中說明,不再贅述。

## 7.3.6 **未來展望**

App Inventor 2 藍牙的範例,仍以對 NXT 的控制較多,而純藍牙通訊的範例則非常少。本來,我們要直接挑戰多人的藍牙對戰,但實作後仍覺困難而作罷。

其實,像多人藍牙對戰之類專題,不一定得使用藍牙控制,使用 **網路微資料庫** 來處理反而更為簡便,但因為這一章探討的是藍牙通訊,因此,我們選擇了此一難度適中、人人會玩的藍牙猜拳對戰遊戲。

這個專題中,仍然佈置了 Debug 的架構,也在突顯程式除錯的重要性。

# 水果貪食蛇 App

貪食蛇一直是 Google Play 中很熱門的遊戲，遊戲的方式單純簡單，但是又很刺激。

在本專題中可以利用遊戲中的貪食蛇吃水果來增加蛇身的長度，並且增加分數。遊戲者可以觸控方式移動貪食蛇，最高得分前 10 名者，將會記錄至排行榜內，成為所有玩家的典範。

## 8.1 專題介紹：水果貪食蛇

貪食蛇是個經典的古老遊戲，看著逐漸增長的貪蛇食，總有一股莫明的成就感，遊戲者可用手指在面板上滑動，控制貪食蛇的移動方向，增加遊戲趣味性。

貪食蛇也會維持原來的慣性，持續地往前移動。但只能往前、往左或往右改變方向，而不允許突然回頭。

這個專題使用多 Screen 來設計，是一個較模組化的設計方式，同時也使用**網路微資料** 記錄玩家最高得分的前 10 名。

本章很多功能的實現，如遊戲控制、記錄得分、蛇頭碰撞、果實亂數設定、蛇身加長、生命數增減、得分排名、排名顯示、都必須透過自訂程序完成。

熟讀本章，將更能累積自己的實力，對專題的分析也會較全面，當然，這一章相對也會比較難。

## 8.2 專題實作：水果貪食蛇

這個遊戲我們曾以 VB 和 C# 開發過，由於這類語言可以使用 new 方式動態建立物件，增加蛇身，處理上相對容易。然而在 App Inventor 2 並無此動態新增功能，因此我們佈置貪食蛇共含有 1 個蛇頭以及 11 節蛇身，再將未加長的蛇身隱藏，當蛇身需要加長時只要將它一節一節的顯示即可。

### 8.2.1 專題發想

這個專題中，使用多 Screen 方式呈現，除了有主場景、遊戲設定場景、遊戲開始場景、遊戲說明場景，還加入網路排行榜場景，可說是一個較具完整性的專題。

在網路排行榜上，必須記錄遊戲者的得分，同時將得分排行前 10 名記錄儲存至**網路微資料庫**上，再以自訂的程序顯示。

### 8.2.2 專題總覽

首頁呈現 5 個按鈕，按下按鈕分別開啟對應的場景，右下圖為遊戲設定場景，可設定遊戲者姓名。

專題路徑：<mypro_Snake.aia>。

左下圖為遊戲進行中的場景，當它吃到紅色果會得到 30 分，吃到黃色果則可得到 20 分，但如果吃到紫色果則會被扣 10 分。預設的生命數為 3：當得分是 50 的倍數時、生命數增加 1，蛇身會加長，同時移動速度也會加快。右下圖為排行榜的場景。

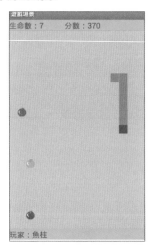

顯示遊戲的說明場景。

# 8.3 介面配置

本專題共有五個 Screen：分別是主場景「Screen1」、遊戲設定場景「ScreenSet」、遊戲開始場景「ScreenGame」、遊戲排行榜場景「ScreenScore」、遊戲說明場景「ScreenHelp」。

## 主場景 Screen1

主場景主要由 5 個 **圖片精靈** 元件組成，按下 **圖片精靈** 按鈕分別開啟對應的 Screen，ImageSpriteClose 按鈕則結束程式。

**素材** 中的資源檔，所有 Screen 都可以使用，我們只在 Screen1 中列出**素材** 資源檔，其他的 Screen 中省略未再列出。

<Snake_icon.png> 為應用程式的圖示、<background.png> 為背景圖，<game_set.png>、<game_play.png>、<game_Ranking.png>、<game_explain.png>、<game_over.png> 分別為 5 個 **圖片精靈** 元件的背景圖，<helptext.png> 為遊戲說明場景的遊戲說明文字圖檔，<hit.wav>、<lose.wav>、<music.mp3> 分別為得分、扣分和背景音樂的音效，<point_01.png>、<point_01.png>、<point_01.png> 為遊戲開始場景中的黃色果、紅色果和紫色果圖示，<s1.png>、<s2.png> 為蛇頭和蛇身，<title.png> 為顯示水果貪食蛇標題的圖檔。

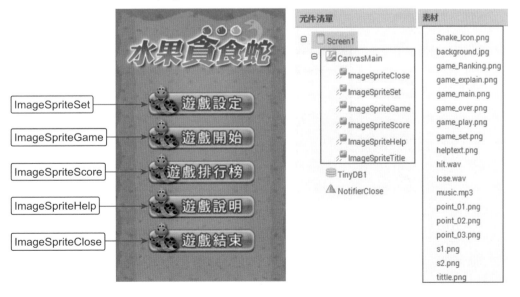

## 遊戲設定場景 ScreenSet

遊戲設定場景用以輸入遊戲者姓名，按下 **輸入** 按鈕儲存設定值，按下 **回主畫面** 按鈕則返回主場景「Screen1」。

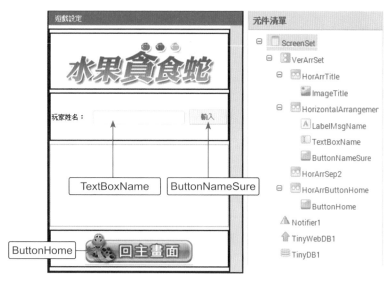

## 遊戲開始場景 ScreenGame

遊戲開始場景 ScreenGame 是遊戲進行的頁面，主要有蛇頭和 11 節蛇身、3 個果實，以及顯示生命數、得分、玩家姓名的標籤。

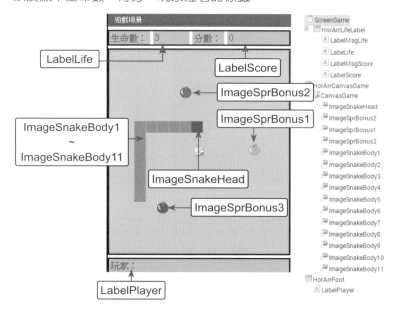

## 遊戲排行榜場景 ScreenScore

本場景以 LabelShowName 顯示名次和姓名，以 LabelShowScore 顯示分數，按下 **回主畫面** 按鈕返回主場景「Screen1」。

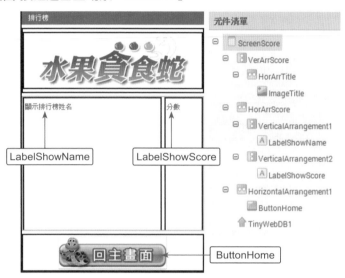

## 遊戲說明場景 ScreenHelp

以圖檔方式顯示說明文字，按下 **回主畫面** 按鈕返回主場景「Screen1」。

## 8.4 專題分析、程式拼塊佈置圖和說明

這個專題有 5 個場景，我們依場景順序，列出各場景的程式拼塊。

### 8.4.1 程式拼塊佈置圖

這個專題最複雜的是 ScreenGame 場景，因此特別列出 ScreenGame 場景的程式拼塊佈置圖，方便讀者研讀。

| | |
|---|---|
| 定義遊戲開始場景全域變數 | |
| ScreenGame. 初始化 | initList 自訂程序 |
| TinyWebDB. 取得數值 | initGame 自訂程序 |
| ClockSnakeMove. 計時 | hideImageSnake 自訂程序 |
| SnakeMove 自訂程序 | randomBonus 自訂程序 |
| CanvasGame. 被劃動 | ClockGetNextSnakeMove. 計時 |
| ImageSnakeHead. 被碰撞 | |
| AddLife 自訂程序 | |
| AddSnakeBody 自訂程序 | SaveScore 自訂程序 |
| ImageSnakeHead. 到達邊界 | |
| lose 自訂程序 | InsertItem 自訂程序 |
| NotifierReplay. 選擇完成 | IsNameExist 自訂程序 |
| RestoreSnakeBoby 自訂程序 | |

## 8.4.2 **Screen1 主場景專題分析和程式拼塊說明**

1. 程式執行後，從 **微資料庫** 資料庫中取回遊戲者的姓名，並儲存至 currentUser 全域變數中；如果沒有 currentUser 標籤，則設為空字串。

初始化全域變數 currentUser 為 " 🔲 "

當 Screen1 ▾ 初始化
執行　設 global currentUser ▾ 為　呼叫 TinyDB1 ▾ 取得數值
　　　　　　　　　　　　　　　　　標籤 " currentUser "
　　　　　　　　　　　　　　無標籤時傳回值 " 🔲 "

2. 按下 **遊戲設定** 鈕，開啟 ScreenSet 場景，並以 **初始值** 傳遞參數 currentUser 至 ScreenSet 場景中。

當 ImageSpriteSet ▾ 被按壓
　x座標　y座標
執行　開啟畫面並傳值 畫面名稱 " ScreenSet "
　　　　　　　　　　初始值 求 global currentUser ▾

3. 同理，按下 **遊戲開始**、**遊戲排行榜** 和 **遊戲說明** 鈕，則分別開啟 ScreenGame、ScreenScore 和 ScreenHelp 場景，而按下 **遊戲結束** 鈕，則 以自訂的程序 CloseApp 結束應用程式。

當 ImageSpriteGame ▾ 被按壓
　x座標　y座標
執行　開啟畫面 畫面名稱 " ScreenGame "

當 ImageSpriteScore ▾ 被按壓
　x座標　y座標
執行　開啟畫面 畫面名稱 " ScreenScore "

當 ImageSpriteHelp ▾ 被按壓
　x座標　y座標
執行　開啟畫面 畫面名稱 " ScreenHelp "

當 ImageSpriteClose ▾ 被按壓
　x座標　y座標
執行　呼叫 CloseApp ▾

4. 按下行動裝置的 **返回** 鈕，也以自訂程序 CloseApp 結束應用程式。自訂程序 CloseApp 會先確認是否真正要結束，若確定要結束，再以 **退出程序** 拼塊結束應用程式。

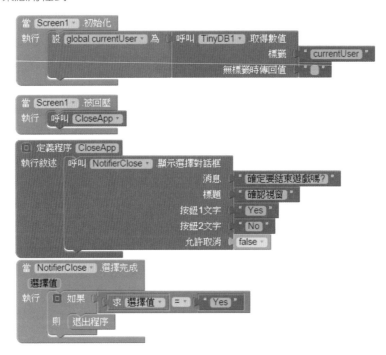

## 8.4.3 ScreenSet 遊戲設定場景專題分析和程式拼塊說明

1. 定義 ScreenSet 場景全域變數。

**1** NameList 清單儲存遊戲者姓名。

**2** currentUser 記錄目前的遊戲者。

2. 開啟 ScreenSet 場景頁面時就執行的程式。

**1** 以 **取得初始值** 取得由 Screen1 主場景傳遞的參數，並以變數 currentUser 儲存。

**2** 將接收的姓名，放在 TextBoxName 中，以便修改姓名。

**3** 載入資料庫中的遊戲者姓名清單。

3. 讀取資料後會觸發 **取得數值** 事件。

**1** 資料存在才讀取。

**2** 只讀取 NameList 標籤，並儲存至 NameList 全域變數中。

4. 按下 **輸入** 按鈕。

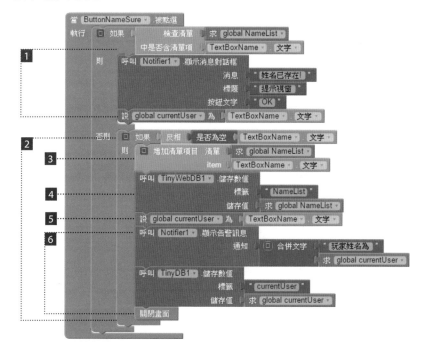

**1** 如果姓名已存在 NameList 清單中，以 **對話框** 元件顯示提示訊息。

**2** 如果姓名不是空字串才加以處理。

**3** 將新的姓名加入 NameList 清單中。

**4** 將 NameList 清單存至 **網路微資料庫** 中。

**5** 將姓名存入 currentUser 變數中。

**6** 顯示遊戲者姓名，將姓名以 currentUser 標籤存入 **微資料庫** 中，關閉 ScreenSet 場景，返回 Scrren1 主場景。

5. 按下 **回主畫面** 鈕，將目前的遊戲者 currentUser 存至資料庫中。

**1** 如果姓名是空字串，強制給他取個 guest 的名字。

**2** 將姓名以 currentUser 標籤存入資料庫中。

**3** 關閉 ScreenSet 場景，返回 Scrren1 主場景。

## 8.4.4 ScreenGame 遊戲開始場景專題分析和程式拼塊說明

1. 定義 ScreenGame 場景全域變數。

**1** CurrentDir 為貪食蛇移動方向，PreDir 為貪食蛇上次移動方向，方向值 1、2、3、4 分別代表向右、左、上、下移動。

**2** tempCanvasHeight 設定遊戲場景的高度。

**3** currentUser 記錄目前的遊戲者。

**4** Score 記錄得分、life 記錄生命數、SnakeLength=3 蛇頭加蛇身共 3 節 ( 開始時 2 節蛇身 )，margin 設定果實可否貼近邊界，offset=20 代表每小格的寬度 ( 即 1 節蛇身的高度或寬度 )。

**5** HeadX、HeadY 記錄蛇頭的位置。

**6** snakeBodyList 物件清單儲存蛇頭和蛇身，imageBonusList 物件清單儲存果實。

**7** bonusList 儲存果實位置的清單，InitsnakeBodyList 物件清單儲存蛇頭和蛇身的初始位置，RankList 儲存排行榜前 10 名的記錄。

**8** snakeMoveTimerInterval 預設貪食蛇移動速度為 90 ms，pos 表示搜尋記錄的索引值，flungNum 設定觸控的靈敏度。

**9** IsDeleted 設定記錄是否已刪除，isChange 設定記錄是否已更改，isAddLife 設定可否增加生命數。

2. 程式開始時將貪食蛇、果實加入清單中，記錄貪食蛇和果實的初始位置 ，讀取目前遊戲者的姓名、得分排行榜，並作遊戲初始的設定。

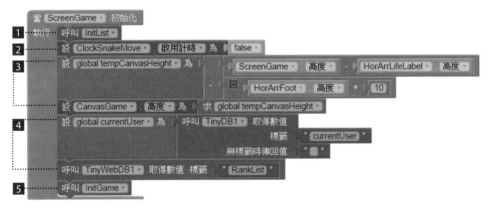

**1** 自訂程序 InitList 將貪食蛇、果實加入清單中，並記錄貪食蛇和果實的初始位置 。

**2** 停止移動貪食蛇的計時器 ClockSnakeMove。

**3** 設定遊戲場景 CanvasGame 的高度，CanvasGame 高度則必須扣掉上面顯示分數和下面顯示遊戲者的高度，另外再多減 10 是留些間隙。

**4** 讀取 **微資料庫** 中目前記錄遊戲者姓名的 currentUser 標籤，並存入變數 currentUser 中，同時讀取 **網路微資料庫** 中記錄遊戲排行榜前 10 名的 RankList 標籤。

**5** 自訂程序 InitGame 設定遊戲初始的動作。

3. 自訂程序 initList 將貪食蛇蛇身、果實加入清單中，並記錄貪食蛇和果實的初始位置。

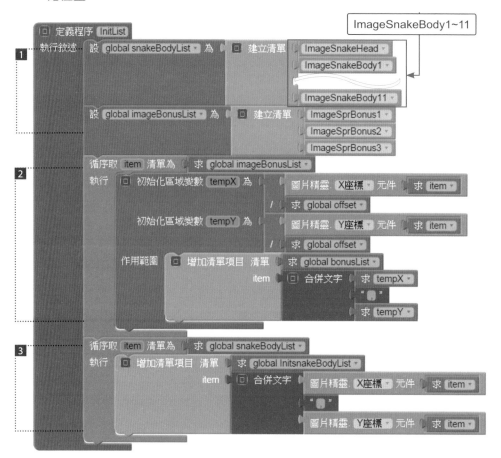

**1** 將貪食蛇蛇頭和蛇身、果實加入物件清單中。

**2** 將果實的初始位置存至 bonusList 清單中，每一筆資料的格式為「X,Y」，X、Y 代表第幾個方格，中間以「,」分隔。

**3** 將貪食蛇的蛇頭和蛇身初始的位置存至 InitsnakeBodyList 清單中，每一筆資料的格式為「X,Y」，X、Y 代表蛇頭和蛇身的座標位置，中間以「,」分隔。

4. 自訂程序 InitGame 設定遊戲初始化的動作。

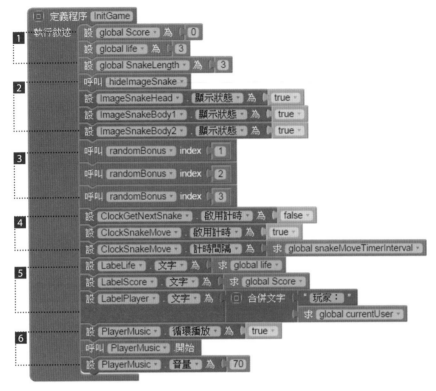

1 設定遊戲開始時，得分為 0，生命數為 3，蛇頭加蛇身共有 3 節。

2 先將貪食蛇全部隱藏，然後顯示蛇頭及第一、二節蛇身。

3 以亂數分別產生黃色、紅色和紫色果實。

4 ClockGetNextSnake 計時器若啟動，會將貪食蛇重置回原來的初始位置上，向右移動並繼續遊戲，程式初始將 ClockGetNextSnake 計時器關閉。啟動 ClockSnakMove 計時器，讓貪食蛇可以移動，初始時 ClockSnakMove 的 計時間隔 = 90。

5 顯示生命數、得分以及遊戲者的姓名。

6 循環播放背景音樂。

5. 自訂程序 hideImageSnake 將蛇頭和蛇食隱藏。

6. 自訂程序 randomBonus 以亂數產生果實。

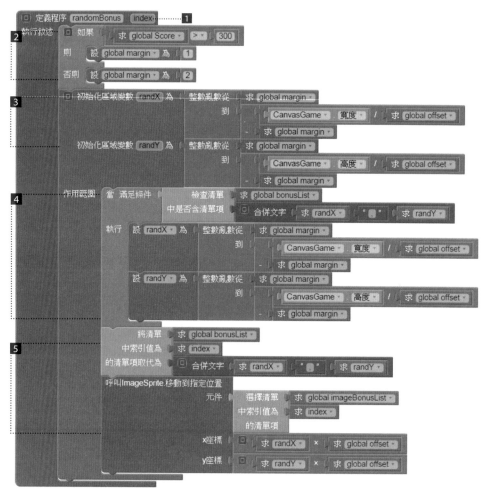

■ index 參數：1 是黃色果實，2 、3 分別是紅色和紫色果實。

■ 當遊戲者得分超過 300 分，設定產生的果實可出現在邊界 (margin=1)，增加遊戲的難度。

■ 以亂數產生果實的 (X,Y) 位置。我們以 offset=20 將遊戲版面的寬度分為若干小格，也就是貪食蛇移動一次的距離。以 CanvasGame. 寬度 = 320 為例，可以將 X 位置分割為 16 小格 (320/20=16)，同理以 CanvasGame. 高度 /offset 也將遊戲版面的高度分為若干小格。

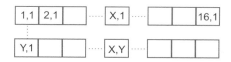

4 將果實位置儲存在 bonusList 清單中，如果新產生的果實位置已出現在 bonusList 清單中，則必須捨棄不要，再重新產生果實。

5 更新 bonusList 清單，並顯示果實，果實實際的座標位置為 (randX*offset,randY*offset)。

7. ClockSnakeMove 計時器每 100 ms 會依貪食蛇移動方向移動一步。我們加入前置方向的判斷，即貪食蛇會維持原來移動的方向繼續移動，除非改變了移動方向。同時貪食蛇只允許以 90° 改變方向，要 180° 大迴轉是不允許的。

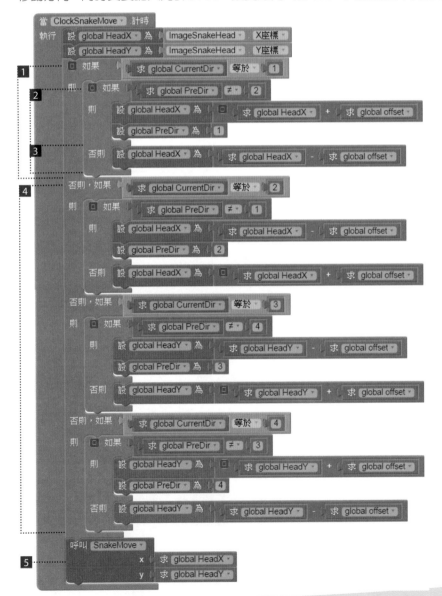

**1** CurrentDir=1 意圖向右移動。

**2** 如果原來的移動方向並不是向左 ( 即上、下或右 )，允許向右移動一步 ( offset 距離 )，並設定 PreDir=1 記錄目前正向右移動。

**3** 如果原來的移動方向是向左，不允許突然向右移動，仍繼續保持原來的方向向左移動。

**4** 同 **2**、**3** 說明，分別處理向左、向上和向下的移動。

**5** 以自訂程序 SnakeMove 移動貪食蛇。

8. 自訂程序 SnakeMove 移動貪食蛇。移動的方式只要將每節蛇身往前移，再將蛇頭移到新的位置即可達成。 請注意：**循序取** 迴圈中的 **到** ( 終值 ) 的值為 2，不是 1，否則執行時會產生索引值的錯誤。

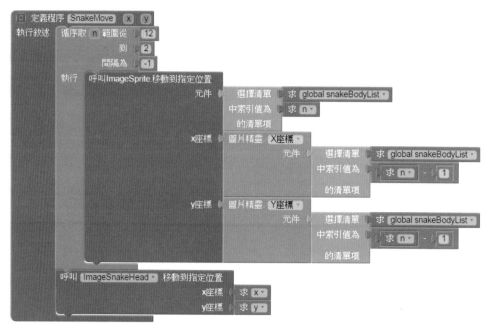

 **蛇身加長的處理**

如果是使用像 VB、C# 或 C++ 語言來設計，由於這類語言可以使用 new 方式動態建立物件，增加蛇食或隱藏蛇身，處理較為容易。然而由於 App Inventor 2 並無此動態新增功能，因此我們佈置貪食蛇共含有 1 個蛇頭以及 11 節蛇身，再將未加長的蛇身隱藏，當蛇身需要加長時就逐一的顯示該蛇身，當然，因為我們只設計 11 節蛇身，怎麼說還是不算完美。

9. 在 **畫布** 上滑動，判斷遊戲者的意圖，控制貪食蛇的移動。

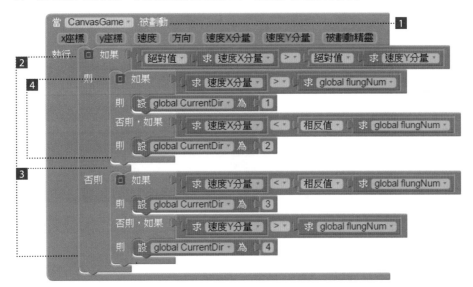

**1** 在 **畫布** 上滑動會觸發 **被劃動** 事件，參數 **速度 X 分量**、**速度 Y 分量** 分別表示向左右、上下的滑動量。由於實際滑動時，會同時含有 **速度 X 分量**、**速度 Y 分量**，我們必須透過意圖來決定遊戲者真正想要移動的方向。例如：下圖中的箭頭，含有 **dx**、**dy** 的分量，因為 **dx> dy**，我們就認定遊戲者要向右移動。 而 **絕對值** (dx) > **絕對值** (dy)，即表示遊戲者要向左或右移動。

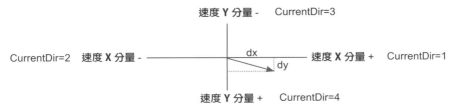

**2** 意圖往左右移動。

**3** 意圖往上下移動。

**4** 可以 flungNum 設定觸控滑動的靈敏度，預設是 flungNum=0.2。

當 **速度 X 分量** > flungNum 時，設定 CurentDir=1 表示向右移動，當 **速度 X 分量** < -flungNum 時，設定 CurentDir=2 表示向左移動。

10. 貪食蛇移動後，蛇頭會有吃到果實、碰到蛇身或邊界等多種狀況。這部分的
程式碼較長，我們拆成兩部分說明。第一部分判斷蛇頭是否碰到果實。

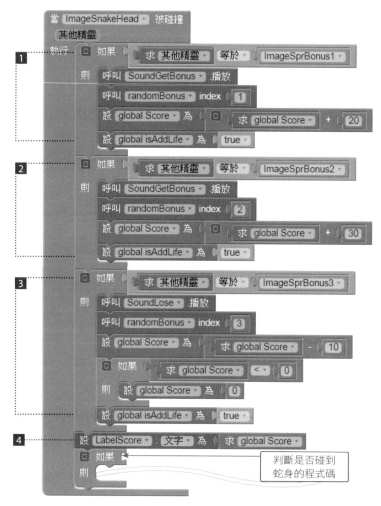

**1** 蛇頭碰到黃色果實，播放音效、得 20 分，重新以亂數產生黃色果實，並以
isAddLife=true 設定允許增加生命數。

**2** 蛇頭碰到紅色果實，播放音效、得 30 分，重新以亂數產生紅果實，並以
isAddLife=true 設定允許增加生命數。

**3** 蛇頭碰到紫色果實，播放扣分音效、扣 10 分，重新以亂數產生紫色果實，
並以 isAddLife=true 設定允許增加生命數，如果得分 <0 分，設定為 0 分。

**4** 顯示得分。

第二部分判斷是否增加生命數、蛇身以及蛇頭是否碰到蛇身。

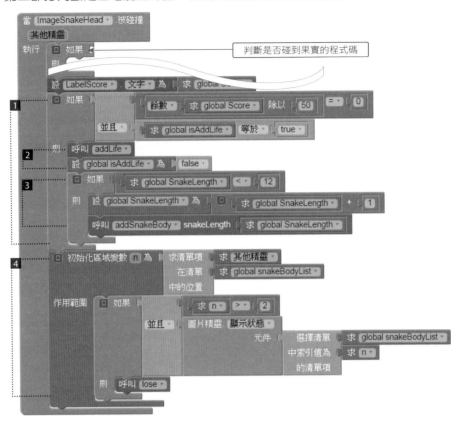

1 如果得分為 50 的倍數，並且 isAddLife=true ，將生命數加 1。

2 將生命數加 1，並設定 isAddLife=false，讓每達 50 倍數時，只增加一次。

3 如果蛇的長度不足 12，將蛇身加 1，也就是說最多只能增加到 12 節。

4 判斷蛇頭是否碰到蛇身，若碰到就呼叫自訂程序 lose。

11. 自訂程序 addLife，增加生命數並顯示之，同時將貪食蛇移動速度逐漸加快。

**1** 生命數加 1。

**2** 如果生命數大於 6 或得分超過 300 分，將計時器的速度減 10，否則減 5，也就是當生命數大於 6 或得分超過 300 分後，貪食蛇的移動會加快，讓遊戲的難度升級。

12. addSnakeBody 自訂程序，增加 1 節蛇身。

13. 當蛇頭碰到邊界，呼叫自訂程序 lose。( 蛇頭碰到蛇身也是呼叫 lose)

14. 自訂程序 lose，將生命數減 1，當生命數為 0 時，儲存得分，並詢問是否繼續遊戲。

**1** 隱藏蛇頭。

暫停 ClockSnakeMove 計時器，因此貪食蛇將停止移動。

啟動 ClockGetNextSnake 計時器，因此，經過 2 秒後 ClockSnakeMove 計時器又會被啟動，同時將隱藏蛇頭。

**2** 將生命數減 1。

**3** 如果生命數為 0，結束背景音樂、停止 ClockGetNextSnake 計時器，儲存得分，並詢問是否繼續遊戲。

**4** 因為 ClockGetNextSnake 計時器已經在 **1** 啟動，因此經過 2 秒後 ClockSnakeMove 計時器又會被啟動，也就是說貪食蛇將停止 2 秒後就會再開始移動。

然而，在 NotifierRePlay 詢問是否繼續遊戲等待的時間，可能不只 2 秒，如果不刻意關閉它，會造成尚未按 **重新開始** 按鈕繼續遊戲，貪食蛇就自動向右移動的 bug。

因此較完善的處理方式，就是在生命數為 0 時，設定 ClockGetNextSnake.**啟用計時** = false 將計時器停止。

當按下 **重新開始** 按鈕會執行 RestoreSnakeBody、InitGame 自訂程序，將貪食蛇置於初始的位置，同時再次啟動 ClockSnakeMove 計時器。

**5** 儲存得分，並詢問是否繼續遊戲。

15. 當蛇頭碰到蛇身或邊界，會執行 lose 程序，並啟動 ClockGetNextSnake 計時器，ClockGetNextSnake 的 **計時間隔** = 2000 ，因此，經過 2 秒後，即會將貪食蛇再放置在原來的初始位置上，並以向右移動的方向繼續遊戲。

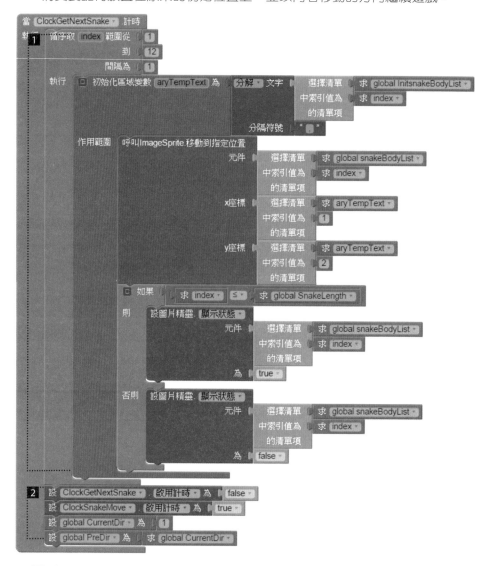

**1** 自 initSnakeBodyList 清單中取回貪食蛇原來的初始位置，並依目前共有幾節蛇身顯示之。

**2** 關閉 ClockGetNextSnake 計時器，並以向右移動的方向繼續遊戲。

16. 自訂程序 SaveScore 儲存遊戲者的得分。儲存會依分數排名直接加入到指定
    的位置上，如果記錄超過 10 筆，也會將多餘的記錄刪除。

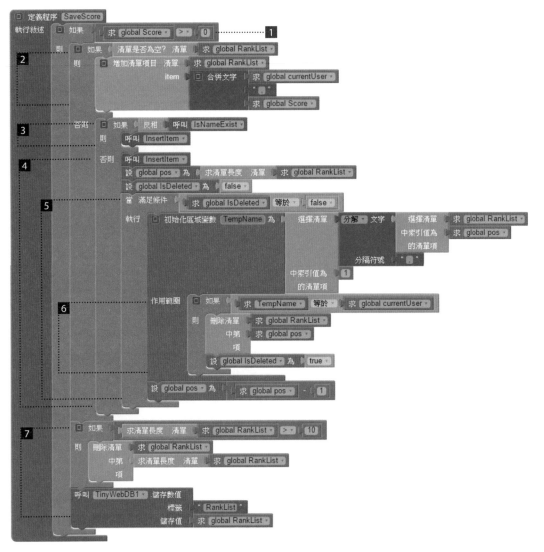

① 得分大於 0 才處理。

② 如果 RankList 是空的，表示排行榜上尚無記錄，直接將記錄加入。

③ 如果遊戲者的姓名並不在排行榜上，依得分高低順序插入排行榜中。

④ 如果遊戲者的姓名已在排行榜上，也依得分高低順序插入排行榜中。但這
   樣會衍生另一個問題，排行榜遊戲者的排序記錄有兩筆。

5 由下往上的順序，依序找到排行較低的相同記錄。

6 刪除排行較低的相同記錄，並設 IsDeleted=true 停止搜尋。

7 只留前 10 筆記錄，將多餘的記錄刪除。

17. 自訂程序 InsertItem 依得分排名加入 RankList 排行榜名單中。

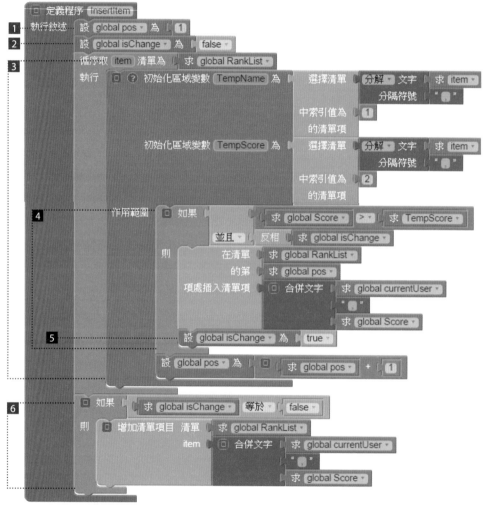

1 依序從第 1 個開始。

2 IsChange=false 表示未找到，預設為 false。

3 將 RankList 清單中每一個項目分解為姓名、得分。

4 若遊戲者得分比目前記錄高並且 IsChange=false，將遊戲者的排名記錄 ( 包含姓名、得分 ) 插入 RankList 清單中。由於 RankList 清單已經依據分數由高至低排序，因此這一筆記錄也會依分數的排名插入。

5 設定 IsChange=true 表示找到，因為 IsChange=true，將不再繼續處理排名插入的動作。

6 如果 IsChange=false 表示這個遊戲者的分數未在排名榜單上，那麼就直接將記錄加在 RankList 清單最後一筆。

18. 自訂程序 IsNameList 檢查目前的遊戲者是否已存在排行榜名單中。

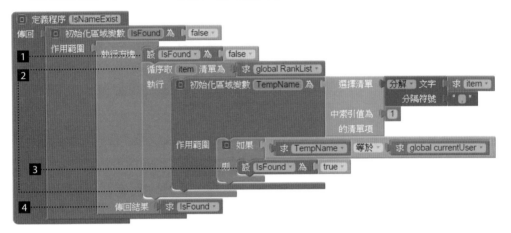

1 預設 IsFound=false 表示遊戲者姓名未存在 RankList 清單中。

2 逐一比對姓名。

3 如果遊戲者姓名已存清單中，設定 IsFound=true 停止比對。

4 傳回返回值。

19. 按下 **對話框** 視窗的 **Yes** 按鈕，可以繼續遊戲，否則返回主程式頁面。

1 貪食蛇重新回到初始位置，重設遊戲開始的動作。

2 計時器停止，並返回主場景 Screen1。

20. 自訂程序 RestoreSnakeBody 由 InitsnakeBodyList 清單中取得貪食蛇的初始
位置，將貪食蛇重新回復到初始位置。

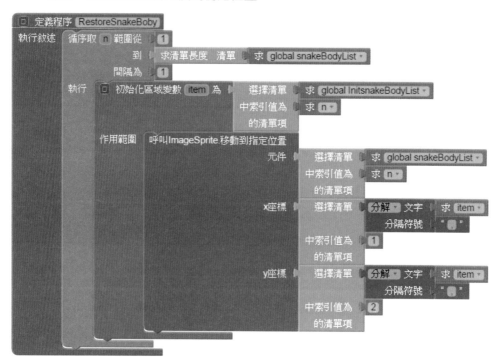

## 8.4.5 **ScreenScore 遊戲排行榜場景分析和程式拼塊說明**

在主場景，按下 **遊戲排行榜** 按鈕，開啟 ScreenScore 場景，顯示得分排行榜前 10 名。

在 ScreenScore 場景只有 **回主畫面** 按鈕的程式拼塊。用以關閉 ScreenScore 場景，返回 Screen1 主場景中。

1. 遊戲排行榜場景全域變數宣告，載入排行榜。

■1 NameAndScore 清單儲存從 **網路微資料庫** 取得的得分、姓名，strJoin 儲存 ShowScore 自訂程序中顯示的字元，SingleItem 記錄單筆的 NameAndScore，TmpLength 記錄要顯示的空白字元。

■2 讀取資料庫中 RankList 標籤。

■3 結束 ScreenGame 場景，返回 Screen1 主場景。

2. 讀取資料庫中 RankList 標籤的資料至 NameAndScore 清單中，RankList 儲存的就是排行榜前 10 名，包括姓名和得分。

3. 自訂程序 ShowScore 顯示排行前 10 名的名次、姓名和得分。

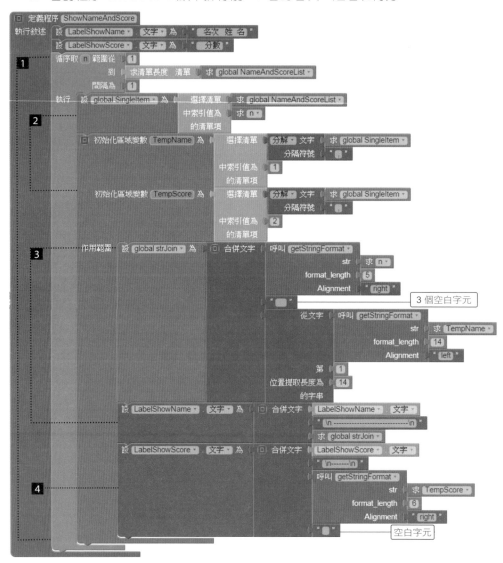

1 依序顯示排行榜。

2 TempName 為姓名，TempScore 為得分。

3 以 getFormatString 自訂程序控制顯示格式，排名以 5 個字元長度靠右對齊，姓名以 14 個字元長度靠左對齊顯示，中間隔 3 個空白字元。

4 以 6 個字元長度靠右對齊顯示得分。

4. 自訂程序 getFormatString 設定字串顯示的格式。由於 App Inventor 2 控制字串顯示格式的功能欠佳，我們以自訂的程序來彌補不足。

其中 LabelShowName 用以顯示排名和姓名，而 LabelShowScore 則用來顯示得分。本來我們只利用一個 LabelShowName 用以顯示排名、姓名和得分，但實際上架 Google Play 後，發現有些遊戲者輸入中文、或中英文混合名稱，因為中、英文文字的寬度並不相同，造成原本希望向右對齊的得分無法對齊，只好再加入 LabelShowScore 單獨顯示向右對齊的得分。

請注意：LabelShowName、LabelShowScore 標籤的 FontTypeface 屬性必須設定為 monospace。

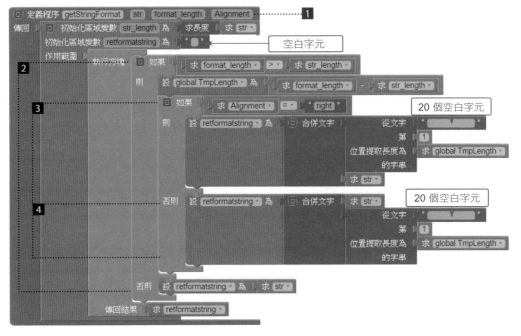

1️⃣ 接收參數 str 表示要顯示的文字、format_length 表示要顯示的長度、Alignment 為左右對齊的格式，預設為向左對齊。

2️⃣ 如果 format_length 長度大於 str 的長度，將不足的字元以空白字元填充，否則就顯示 str 字串文字。

3️⃣ 文字向右對齊，不足字元以空白字元填充在 str 左方。

4️⃣ 文字向左對齊，不足字元以空白字元填充在 str 右方。

## 8.4.6 **ScreenHelp 遊戲說明場景分析和程式拼塊說明**

在主場景，按下 **遊戲說明** 按鈕，開啟 ScreenHelp 場景，顯示遊戲說明。

這個場景只有 **回主畫面** 按鈕的程式拼塊。用以關閉 ScreenHelp 場景，返回 Screen1 主場景中。

## 8.4.7 **未來展望**

這個專題比預期複雜許多，程式碼也相當龐大，但它的完整性和擴充性值得讀者仔細玩味。

當然，有許多的功能，受限於 App Inventor 2，都是透過自訂程序來處理，處理雖然較麻煩，但完成後卻更有成就感。這些自訂程序，其實也建構了 App Inventor 2 一個美麗的未來。

隨著您的程度愈來愈好，我們更應該告訴您，App Inventor 2 其實還有很多的限制，這些限制可能都得透過外部呼叫才有可能解決，甚至是外部呼叫也不能解決。目前為止，這些文件很少，我們都很期待大家一起加入研究的行列。

# 樂高機器人遙控器 App

本專題著重在樂高機器人與行動裝置的藍牙溝通。行動裝置的最大特色是加速度感測器及語音辨識功能,使用兩者操作機器人的運動,可將行動裝置效能發揮到極致。

App Inventor 2 僅能讓機器人持續順時針或逆時針旋轉,無法控制機器人左轉或右轉後再前進,必須以程式讓機器人旋轉指定時間來達成左右轉的目的。

# 9.1 專題介紹：機器人藍牙控制器

目前已有不少產業使用機器人從事生產工作，而各種救災用機器人也一直在研發，至於以教育為目的的機器人套件，則非樂高機器人莫屬！每年樂高機器人比賽由區域賽到世界大賽，超過數千人參與，是有趣且意義非凡的活動。

App Inventor 2 支援樂高機器人，系統提供 **樂高機器人** 類別 7 個元件來控制樂高機器人，不但可操縱機器人自由移動，也可利用 5 種感測器讓機器人依周遭環境自動反應。

本應用程式使用行動裝置的藍牙系統與機器人連線，可使用行動裝置以按鈕控制樂高機器人前進、後退、左轉、右轉、原地旋轉及停止，也可利用手機的加速度感測器操作機器人的動作。

智慧型手機的語音辨識功能日益成熟，App Inventor 2 的 **語音辨識器** 元件可輕鬆讓應用程式具有語音辨識能力。本系統可以用說話方式控制機器人的各種行為，即使小朋友也可操作自如。

# 9.2 專題重要技巧

要使用行動裝置控制樂高機器人，必須先將機器人與行動裝置以藍牙配對，建立兩者之間連繫管道，才能把行動裝置的指令傳達給機器人執行。至於 **語音辨識器** 元件雖具有語音辨識功能，且效果不差，但使用者有各種發音，必須加入一些技巧才能達到最佳辨識率。

## 9.2.1 NXT 機器人與行動裝置藍牙配對

現在藍牙傳輸技術已是電子裝置間最普遍的無線傳輸方式之一，無論是行動裝置、筆記型電腦，甚至是鍵盤、滑鼠、耳機等都具備藍牙傳輸。Android 系統從 2.0 版以後就支援完整藍牙功能。

樂高機器人發展一套「樂高直接指令 (LEGO Direct Command)」，可以不用在機器人端撰寫任何程式碼，只要以遠端遙控裝置中的程式就能透過藍牙傳輸控制機器人，大為減化操作機器人的程式流程。

藍牙傳輸具有伺服器端 (Server) 及用戶端 (Client)，伺服器端只需等待連線即可，其餘發出通訊指令、尋找遠端裝置、建立配對連線等皆由用戶端負責。樂高機器人的藍牙傳輸中，機器人做為伺服器端等待連線，操作指令則由做為用戶端的 Android 行動裝置發出。

### 開啟樂高機器人藍牙功能

藍牙配對的第一步是要確認樂高機器人主機的藍牙功能是否開啟：打開機器人電源後，如果左上角有 ✳ 圖示，表示藍牙功能已經開啟。

若主機的藍牙功能尚未開啟，可按 ▷ 鈕數次，直到出現 **BlueTooth** 畫面時按下 ■ 鈕；於 **On/Off** 畫面時按下 ■ 鈕；再於 **On** 畫面時按下 ■ 鈕，就完成開啟藍牙功能的操作。

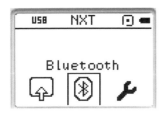  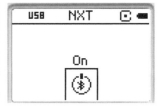

## 行動裝置藍牙配對

Android 系統開啟藍牙功能的操作，不同裝置可能略有差異，但基本流程大致相同，此處以 HTC One X 為例：

先執行行動裝置的 **設定** 功能，如果 **藍牙** 項目右方顯示 **關** 字樣，點按一下就可開啟藍牙功能，同時顯示 **開** 字樣。點按 **藍牙** 項目會切換到 **藍牙** 頁面，點按右上角 **選單** 鈕，於彈出選單中點按 **搜尋裝置** 項目。

系統會自動尋找週遭存在的藍牙裝置，顯示於下方 **可用的裝置** 欄中，例如此處已搜尋到名稱為 **NXT** 的樂高機器人。點按 **NXT** 裝置就可進行配對，此時機器人主機會顯示 Passkey 畫面，預設值為「1234」，直接按下 ■ 鈕，行動裝置就出現要求輸入配對碼頁面，輸入「1234」後按 **確定** 鈕就完成配對。

完成配對的裝置會在 **配對裝置** 欄位顯示，以後只要行動裝置及機器人的藍牙功能開啟，就會自動配對。要注意此時只是配對成功，尚未連線，藍牙連線需在行動裝置中撰寫程式進行連線。

## 9.2.2 **NXT 機器人與行動裝置藍牙連線**

由於樂高機器人在藍牙連線時是做為伺服器端，所以只需在行動裝置中使用 App Inventor 2 的 **藍牙客戶端** 元件，就能輕易讓行動裝置做為用戶端進行藍牙連線。**藍牙客戶端** 元件的 **位址及名稱** 屬性能取得已與行動裝置配對的藍牙裝置，設計者可將取得的藍牙裝置名稱顯示在 **清單選擇器** 元件內，讓使用者點選要使用的藍牙裝置，程式拼塊為：

**藍牙客戶端** 元件的 **連線** 方法會建立藍牙連線，要連線的藍牙裝置以參數傳送給 **連線** 方法。例如要建立與 NXT 藍牙裝置連線的程式拼塊為：

**藍牙客戶端** 元件的 **斷開連線** 方法則會中斷已經建立的藍牙連線，不需要傳送任何參數。例如要中斷目前的藍牙裝置連線，其程式拼塊為：

## ▶ 範例：機器人連線

程式執行後按 **機器人連線** 鈕會顯示所有已配對的藍牙裝置。

選取裝置後會進行連線，若連線成功會顯示「連線成功！」訊息，若連線不成功會顯示「無法連線！」訊息。若在連線狀態下按 **機器人斷線** 鈕，則會中斷行動裝置與機器人的連線，並顯示「已經斷線！」訊息。(<ex_NXTConnect.aia>)

 **必須使用實機執行**

因本範例使用藍牙連線功能，因此必須在行動裝置上執行。

## » 介面配置

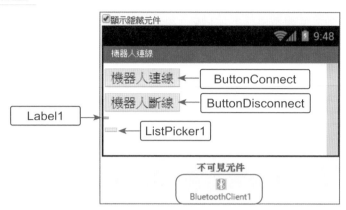

## » 程式拼塊

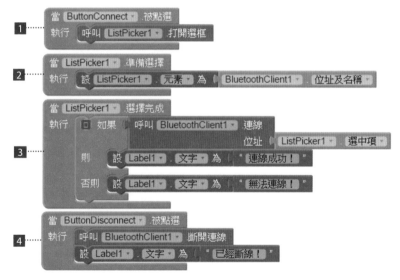

**1** 使用者按 **機器人連線** 鈕後開啟 **清單選擇器** 元件顯示藍牙裝置。

**2** 開啟 **清單選擇器** 元件之前，先以 **藍牙客戶端** 的 **位址及名稱** 屬性取得所有藍牙裝置。

**3** 使用者選取藍牙裝置後就進行連線，若連線成功會顯示「連線成功！」訊息，若連線不成功則顯示「無法連線！」訊息。

**4** 使用者按 **機器人斷線** 鈕後就以 **藍牙客戶端** 的 **斷開連線** 方法中斷藍牙連線，並顯示「已經斷線！」訊息。

### 9.2.3 NXT 電機驅動器元件

樂高機器人的馬達可讓機器人動起來,例如在馬達上裝上輪子可讓機器人自由移動、在履帶兩端裝上馬達可運送物品等。App Inventor 2 提供 **NXT 電機驅動器** 元件控制樂高機器人馬達,可進行前進、後退、旋轉等操作。

樂高機器人主機有三個馬達接口,分別為 A、B 及 C 接口,可連接三個馬達。通常控制機器人移動的馬達是置於 B 及 C 接口,**NXT 電機驅動器** 元件預設控制這兩個接口;另一個馬達做其他用途,通常使用 A 接口。

## NXT 電機驅動器元件的屬性及方法

**NXT 電機驅動器** 元件的屬性有:

| 屬性 | 說明 |
|------|------|
| 藍牙客戶端 | 設定建立藍牙連線的藍牙客戶端名稱。此屬性只能在設計階段指定,不能在程式拼塊中改變。 |
| 驅動馬達埠號 | 要控制的馬達接口,可輸入 A、B、C、AC、BC、AB 與 ABC 等值。預設值為「BC」。 |
| 斷開前停機 | 設定是否在中斷連線前強制馬達停止運轉,可能值為 true 及 false。 |
| 車輪直徑 | 設定裝於馬達上的輪胎直徑,單位為公分,預設值為 4.32,這是樂高機器人套件的標準輪徑。 |

**驅動馬達埠號** 屬性可同時控制一到三個馬達,預設是同時控制 B 及 C 馬達,如此可輕易讓車輪型機器人前進及後退。如果要各別操控單一馬達,可使用多個 **NXT 電機驅動器** 元件,例如一個 **NXT 電機驅動器** 元件控制 B 馬達,一個 **NXT 電機驅動器** 元件控制 C 馬達,這樣就可組合出更多樣的移動型態。

**NXT 電機驅動器** 元件的方法有:

| 方法 | 說明 |
|------|------|
| 持續前進 | 傳送參數 **功率** ( 馬達動力 ),讓機器人持續以指定動力前進,功率的最大值為 100。 |
| 前進 | 傳送參數 **功率** 及 **距離** ( 移動距離 ),讓機器人以指定動力前進指定距離。 |
| 持續後退 | 傳送參數 **功率**,讓機器人持續以指定動力後退。 |

| 方法 | 說明 |
|---|---|
| 後退 | 傳送參數 **功率** 及 **距離**，讓機器人以指定動力後退指定距離。 |
| 順時針持續轉彎 | 傳送參數 **功率**，讓機器人持續以指定動力順時針旋轉。 |
| 迯時針持續轉彎 | 傳送參數 **功率**，讓機器人持續以指定動力逆時針旋轉。 |
| 停止 | 停止所有馬達運轉。 |

### ▶範例：控制機器人移動

機器人連線及斷線的程式拼塊及操作皆與前一範例相同，不再贅述。

行動裝置與機器人連線後，按 **向前進**、**向後退**、**向右旋轉**、**向左旋轉** 及 **停止** 鈕，就可操控機器人移動。(<ex_NXTDrive.aia>)

 **必須使用實機執行**

因本範例使用藍牙連線功能，因此必須在行動裝置上執行。

## » 介面配置

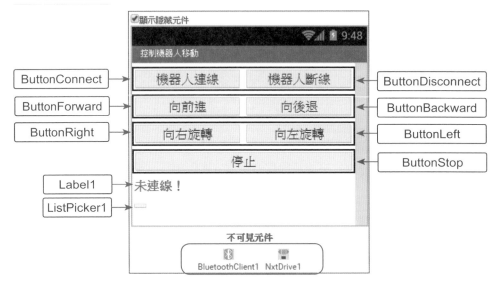

**NXT 電機驅動器** 元件的 **藍牙客戶端** 屬性值設定為 BluetoothClient1。

## » 程式拼塊

連線及斷線部分的程式拼塊與前一小節相同,不再列出。

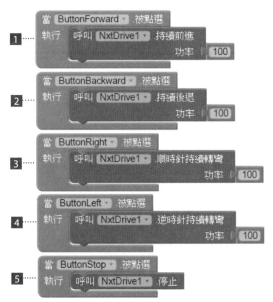

**1** 使用者按 **向前進** 鈕後機器人以功率值 100 持續前進。

**2** 使用者按 **向後退** 鈕後機器人以功率值 100 持續後退。

**3** 使用者按 **向右旋轉** 鈕後機器人以功率值 100 持續順時針方向旋轉。

**4** 使用者按 **向左旋轉** 鈕後機器人以功率值 100 持續逆時針方向旋轉。

**5** 使用者按 **停止** 鈕後機器人就停止運轉。

## 9.2.4 **語音識別器元件**

語音辨識是智慧型手機的一大特色，語音辨識技術發展至今已達實用階段，準確度能被大部分使用者接受。如果能用語音來操縱樂高機器人，那是多麼神奇的事！非常幸運，App Inventor 2 提供了 **語音識別器** 元件來完成語音辨識功能，而且中文也可以通喔！

使用 **語音識別器** 元件非常簡單，因為 **語音識別器** 元件沒有任何屬性，只要在設計階段將其拖曳到設計區就可使用。**語音識別器** 元件以 **識別語音** 方法啟動語音辨識功能，程式拼塊為：

使用者發出語音後，系統會將收到的語音以網路傳送到伺服器辨識，再將辨識結果傳回，所以使用語音辨識功能時，必須開啟網際網路連線才能執行。行動裝置收到辨識結果後會觸發 **識別完成** 事件，辨識結果會存於參數 **返回結果** 中，設計者可在此事件處理辨識結果。例如下面程式拼塊將辨識結果顯示於 LabelResult 元件中：

由於每個人的發音、聲調等會有差異，造成辨識結果不同，程式要如何設計才能得到最好的效果呢？下面是一些實用的技巧：

- **使用「詞句」而勿使用「單字」**：中文單字重複的發音相當多，說「單字」時得到正確單字的機率很低，例如說「前」時，辨識結果可能是「錢」、「前」、「潛」等。語音辨識時，系統會有詞庫加以比對，能大幅提高辨識結果正確率，例如說「後退」時，幾乎都可得到正確辨識結果。

■ **判斷時使用「是否包含字串」而不要使用「＝」**：判斷辨識結果時如果使用「＝」，辨識結果必須完全符合預期才算正確，但因辨識可能產生誤差，有時只有部分正確，此時可使用「是否包含字串」來擴大可能的辨識結果。例如控制機器人「停止」的指令，只要語音辨識結果有「停」或「止」都算正確，如此可提高辨識率，程式拼塊為：

■ **綜合多人語音辨識結果**：為增加判斷辨識結果多樣性，同樣語詞可讓多人進行發音測試，記錄其結果後得到綜合結論，最後判斷要盡可能包含所有語音辨識結果。例如「停止」的語音辨識結果有「停止」、「停滯」、「瓶子」、「因子」等，所以使用 **是否包含字串** 指令，只要語音辨識結果有「停」或「子」都算正確，就可包含所有可能性。

### 範例：語音辨識

按 **輸入語音** 鈕會開啟語音輸入視窗，說「紅色」後螢幕背景會變為紅色，說「藍色」後螢幕背景會變為藍色，其他語音輸入螢幕背景會變為綠色。(<ex_SpeechRecognize.aia>)

 **必須使用實機執行**

因本範例使用語音辨識功能，因此必須在行動裝置上執行。

## » 介面配置

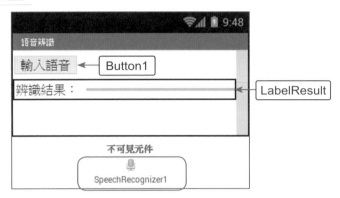

## » 程式拼塊

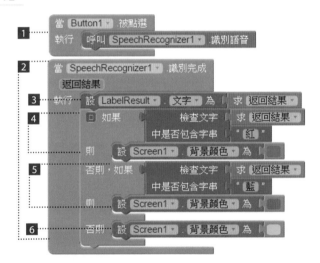

**1** 使用者按 **輸入語音** 鈕就開啟輸入語音視窗讓使用者輸入語音。

**2** 使用者輸入語音完畢後執行此拼塊。

**3** 顯示語音辨識結果。

**4** 如果使用者輸入的語音包含「紅」字，就設定螢幕的背景色為紅色。

**5** 如果使用者輸入的語音包含「藍」字，就設定螢幕的背景色為藍色。

**6** 如果使用者輸入的語音沒有包含「紅」或「藍」字，就設定螢幕的背景色為綠色。

# 9.3 專題實作：機器人藍牙控制器

市售樂高機器人有多種型號，各種型號包含的組件多寡不一，價格差異相當大，為了讓所有型號的樂高機器人都能操作，本專題捨棄感測器不用，著重在樂高機器人與行動裝置的藍牙溝通。行動裝置的最大特色是加速度感測器及語音辨識功能，使用兩者操作機器人運動，可將行動裝置效能發揮到極致。

App Inventor 2 僅能讓機器人持續順時針或逆時針旋轉，無法控制機器人左轉或右轉後再前進，必須以程式讓機器人旋轉指定時間來達成左右轉的目的。

## 9.3.1 專題發想

Discovery 頻道曾經播出機器人的應用：救難人員將一個小型車輛機器人放入倒塌建築物中，救難者遙控機器人在建築物之間穿梭，以尋找可能的生還者。樂高機器人裝置兩個馬達後就可自由移動，並且提供藍牙連線讓行動裝置可遠端控制馬達運轉，如此就可用行動裝置遙控機器人的行動。

本專題加入用行動裝置的加速度感測器及語音輸入方式遙控機器人行動，使控制方式更便利。

## 9.3.2 專題總覽

應用程式執行後只有 **連線** 按鈕，按下後會顯示可用的藍牙裝置。

專題路徑：<mypro_NXTControl.aia>。

 **需在實機上執行**

本專題使用加速度感測器及語音辨識功能，因此必須在行動裝置上執行。

如果機器人尚未開啟而無法連線，會以彈出視窗告知使用者。若順利連線會顯示按鈕控制頁面，使用者可使用 6 個按鈕讓機器人前進、後退、右轉、左轉、停止及原地旋轉。左轉及右轉可使機器人旋轉九十度後持續前進。

按 **搖擺控制** 鈕就切換到搖擺控制頁面，使用者可抬起行動裝置的上、下、左、右方控制機器人前進、後退、左轉、右轉，停止及旋轉功能仍由按鈕控制。

按 **語音控制** 鈕就會開啟語音辨識功能，使用者可輸入語音控制機器人。

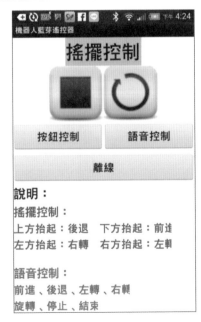

### 9.3.3 介面配置

本專題只有一個頁面，主要是一些按鈕：

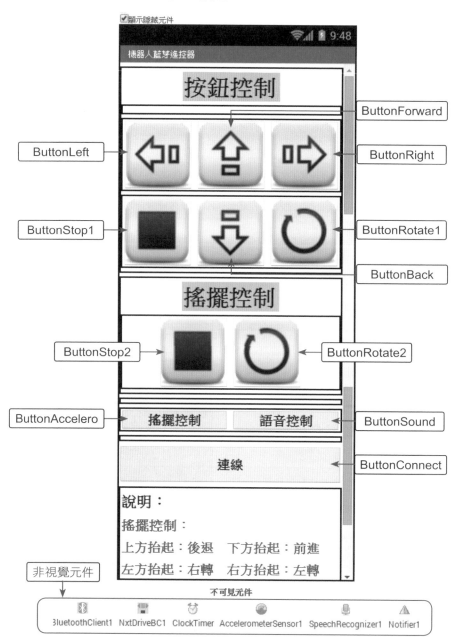

按鈕控制的 6 個按鈕置於 VerArrButton 元件，搖擺控制的 2 個按鈕置於 VerArrAccelero 元件，方便整體顯示與隱藏。

**按鈕控制** 與 **搖擺控制** 按鈕共用 ButtonAccelero 元件，目前若顯示按鈕控制頁面，ButtonAccelero 元件的文字為「搖擺控制」；使用者按 **搖擺控制** 鈕會切換到搖擺控制頁面，ButtonAccelero 元件的文字會改為「按鈕控制」。同樣的，**連線** 與 **離線** 按鈕共用 ButtonConnect 元件。

## 使用元件及其重要屬性

| 名稱 | 屬性 | 說明 |
|------|------|------|
| ButtonLeft | **圖片**：arrowleft.png, **文字**：無 | 控制機器人左轉。 |
| ButtonForward | **圖片**：arrowup.png, **文字**：無 | 控制機器人前進。 |
| ButtonRight | **圖片**：arrowright.png, **文字**：無 | 控制機器人右轉。 |
| ButtonBack | **圖片**：arrowdown.png, **文字**：無 | 控制機器人後退。 |
| ButtonStop1 | **圖片**：stop.png, **文字**：無 | 按鈕控制頁面控制機器人停止運轉。 |
| ButtonStop2 | **圖片**：stop.png, **文字**：無 | 搖擺控制頁面控制機器人停止運轉。 |
| ButtonRotate1 | **圖片**：otate.png, **文字**：無 | 按鈕控制頁面控制機器人旋轉。 |
| ButtonRotate2 | **圖片**：rotate.png, **文字**：無 | 搖擺控制頁面控制機器人旋轉。 |
| ButtonAccelero | **字元尺寸**：20, **粗體**：核選 | 按鈕控制與搖擺控制共用按鈕。 |
| ButtonSound | **字元尺寸**：20, **粗體**：核選 | 語音控制按鈕。 |
| ButtonConnect | **字元尺寸**：20, **粗體**：核選 | 連線與斷線共用按鈕。 |
| NXTDriveBC1 | **藍牙客戶端**：BluetoothClient1, **驅動馬達埠號**：BC | 同時控制 B 及 C 接口的馬達。 |
| ClockTimer | 無 | 取得目前時間。 |
| AccelerometerSensor1 | 無 | 搖擺控制機器人移動。 |
| SpeechRecognizer1 | 無 | 語音辨識。 |

## 9.3.4 專題分析和程式拼塊說明

1. 定義全域變數。

**1** 機器人左、右轉時，timeStart 變數記錄開始轉動的時間，timeEnd 變數記錄目前時間。

**2** 設定機器人左、右轉時旋轉的時間，預設值為 0.3 秒 (300 毫秒 )。

**3** 使用加速度感測器操作時，記錄是否已啟動左、右轉：true 表示已啟動，false 表示未啟動。

2. 使用者按 **連線** 鈕執行下面拼塊。此按鈕是 **連線** 及 **離線** 共用鈕，所以需判斷目前是哪一種按鈕再做適當處理。

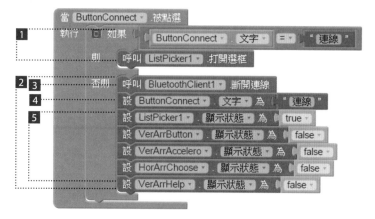

**1** 如果目前是 **連線** 鈕就開啟 ListPicker1 元件顯示藍牙裝置名單。

**2** 如果目前是 **離線** 鈕就執行拼塊 **3** 到 **5**。

**3** 以 BluetoothClient1 元件的 **斷開連線** 方法中斷連線。

**4** 目前按鈕文字是「離線」，按下後將按鈕文字改為「連線」。

**5** 斷線後螢幕只顯示 **連線** 按鈕，所以要隱藏所有元件，包括 ListPicker1 元件、按鈕控制頁面、搖擺控制頁面、語音控制按鈕及說明。

3. 使用者按 **連線** 後，ListPicker1 元件會讀入藍牙裝置，使用者選取後進行連線，若連線成功就顯示按鈕控制頁面，若失敗則顯示提示訊息。

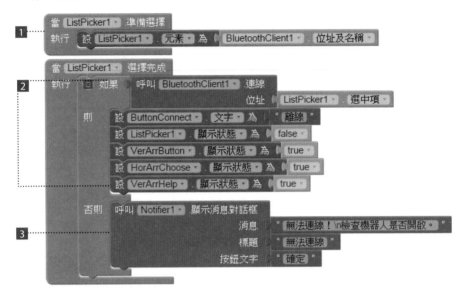

1. 在開啟 ListPicker1 元件前先讀入已配對的藍牙裝置。

2. 若連線成功就將按鈕文字改為「離線」、隱藏 ListPicker1 元件、顯示按鈕控制頁面、顯示語音控制按鈕及說明。

3. 若連線失敗就以對話方塊告知使用者。

4. 使用者在控鈕控制頁面按 ⬆ 鈕，就以 **NXT 電機驅動器** 元件的 **持續前進** 方法讓機器人持續前進。

5. 使用者在控鈕控制頁面按 ⬇ 鈕，就以 **NXT 電機驅動器** 元件的 **持續後退** 方法讓機器人持續後退。

6. 使用者在控鈕控制頁面按 ◁Ⅲ 鈕，機器人會左轉後持續前進。

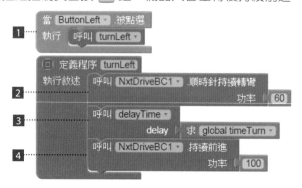

1 以自訂程序 **turnLeft** 執行機器人左轉後持續前進的動作。

2 以功率值 60 順時針旋轉。實際測試結果顯示，以功率值 100 做旋轉時，受地面摩擦力的影響很大，即不同地面的旋轉角度明顯不同，若將功率值減小，則地面摩擦力的影響會降低，此處使用功率值 60。

3 **delayTime** 自訂程序會延遲程式執行的時間，timeTurn 變數儲存旋轉時間，預設值為 300，即讓機器人旋轉 0.3 秒，此時大約旋轉 90 度。

App Inventor 2 並未提供旋轉特定角度的功能，旋轉時會持續旋轉，因此以 **delayTime** 自訂程序控讓程式暫時停止，機器人會持續旋轉，等轉到設計者所需角度時，再下達另一個指令給機器人執行。

**delayTime** 自訂程序可用於很多情況，讀者宜熟悉其用法：由於 App Inventor 2 執行程式時不會停頓，許多需要花費時間的操作會產生錯誤，例如打電話、發簡訊等，此時就可使用 **delayTime** 自訂程序延遲程式執行。「即刻救援」專題中需連發三通簡訊，該專題使用 **計時器** 元件每 3 秒執行一次，也可使用 **delayTime** 自訂程序來延遲 3 秒，達到相同效果。

4 左轉後持續前進。

7. **delayTime** 自訂程序延遲程式執行一段時間。

**1** 傳入的參數 delay 為延遲時間，單位是毫秒。

**2** timeStart 記錄程序開始執行時的系統時間。

**3** timeEnd 記錄目前系統時間，如果目前時間與開始執行時間的差未達到延遲時間 delay，就在迴圈中空轉，直到延遲時間到達時才離開程序，如此就完成延遲程式執行的目的。

8. 使用者在按鈕控制頁面按 ⇨ 鈕，機器人會右轉後持續前進。右轉的程式拼塊與左轉完全相同，只是把順時針旋轉改為逆時針旋轉而已。

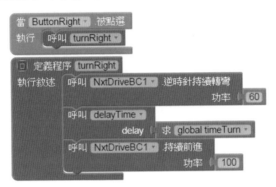

9. 在按鈕控制頁面及搖擺控制頁面中按 ■ 鈕，就以 **NXT 電機驅動器** 元件的 **停止** 方法讓機器人停止運轉。

10. 在按鈕控制頁面及搖擺控制頁面中按 ◯ 鈕，就以 **NXT 電機驅動器** 元件的 **逆時針持續轉彎** 方法讓機器人持續旋轉。

11. 使用者按 **搖擺控制** 鈕執行下面拼塊。此按鈕是 **按鈕控制** 及 **搖擺控制** 共用按鈕：如果原本按鈕文字是「搖擺控制」，就切換到搖擺控制頁面，並將按鈕文字改為「按鈕控制」；如果原本按鈕文字是「按鈕控制」，就切換到按鈕控制頁面，並將按鈕文字改為「搖擺控制」。

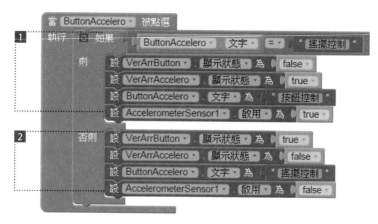

1️⃣ 如果按鈕文字是「搖擺控制」，就隱藏按鈕控制頁面、顯示搖擺控制頁面、將按鈕文字改為「按鈕控制」，並啟動加速度感測器。

2️⃣ 如果按鈕文字不是「搖擺控制」，表示此時按鈕文字是「按鈕控制」，就隱藏搖擺控制頁面、顯示按鈕控制頁面、將按鈕文字改為「搖擺控制」，並停用加速度感測器。

12. 使用者按 **搖擺控制** 鈕後就啟動加速度感測器，可用擺動行動裝置方式操控機器人，上方抬起：後退，下方抬起：前進，左方抬起：右轉，右方抬起：左轉。

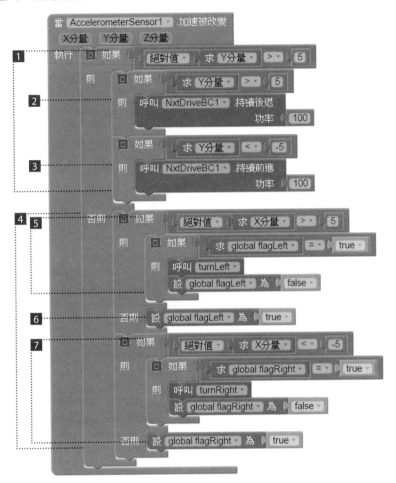

**1** 抬起的數值幅度大於 5 才執行機器人運轉，避免無意的擺動。

**2** 如果 **Y 分量** > 5 表示上方抬起，機器人持續後退。

**3** 如果 **Y 分量** < -5 表示下方抬起，機器人持續前進。

**4** 如果上、下方都未抬起，才檢查左、右方是否抬起，避免上、下方及左、右方同時作用的情形。

**5** 如果 **X 分量** > 5 表示右方抬起，若 flagLeft 旗標為 true 表示本次抬起尚未左轉，此時才執行左轉動作，左轉後就設定 flagLeft 旗標為 false，表示本次抬起已經左轉，這樣可以確保每抬起一次只左轉一次。

6 如果 **X 分量** <= 5 就設 flagLeft 旗標為 true，表示本次抬起已結束，下次再抬起時需執行左轉。

7 如果 **X 分量** < -5 表示左方抬起，若 flagRight 旗標為 true 表示本次抬起尚未右轉，此時才執行右轉動作，右轉後就設定 flagRight 旗標為 false，表示本次抬起已經右轉。如果 **X 分量** >= -5 就設 flagRight 旗標為 true，表示本次抬起已結束，下次再抬起時需執行右轉。

 **關於加速度感測器的使用**

加速度感測器可以偵測行動裝置的傾斜狀態，其傾斜的程度以 **X**、**Y**、**Z** 三軸的數值呈現，本專題使用 **X** 及 **Y** 軸來控制。

13. 使用者按 **語音控制** 鈕後停用加速度感測器，並開啟語音辨識功能讓使用者輸入語音。

```
when  ButtonSound . Click
do    set  AccelerometerSensor1 . Enabled  to   false
      call  SpeechRecognizer1 . GetText
```

14. 系統完成語音辨識工作後會傳回辨識結果（參數 **返回結果**），設計者可依據辨識結果做不同處理。

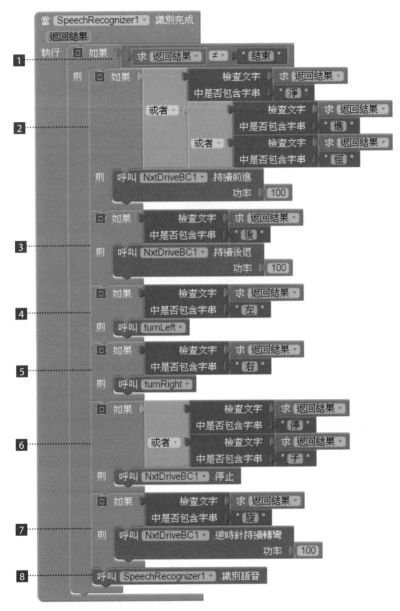

**1** 為了讓使用者可以連續下達語音指令，在事件最後用 **識別語音** 方法（拼塊 **8**）讓語音輸入不斷循環。那要如何跳出語音輸入呢？此處判斷使用者輸入的語音是「結束」就直接結束語音輸入。

**2** 「前進」語音辨識結果經整理有「前進、乾淨、田徑、錢進」，因此設定為包含「淨、進、徑」任一字元都算正確，執行機器人持續前進指令。

3 語音辨識結果包含「後」字元就執行機器人持續後退指令。

4 語音辨識結果包含「左」字元就執行機器人左轉再持續前進指令。

5 語音辨識結果包含「右」字元就執行機器人右轉再持續前進指令。

6 語音辨識結果包含「停、子」任一字元就執行機器人停止運轉指令。

7 語音辨識結果包含「旋」字元就執行機器人原地旋轉指令。

8 使用 **識別語音** 方法讓語音輸入不斷循環。

15. 按行動裝置上的 **返回** 鍵 (「<」)，會彈出確認結束應用程式對話方塊，按 **確定結束** 鈕就關閉本應用程式，按 **取消** 鈕則回到應用程式繼續執行。

```
當 Screen1 ▾ 被回壓
執行   呼叫 Notifier1 ▾ 顯示選擇對話框
                          消息    " 你確定要結束應用程式嗎？ "
                          標題    " 結束 "
                       按鈕1文字   " 確定結束 "
                       按鈕2文字   取消
                        允許取消   false ▾
```

16. 使用者在確認結束應用程式對話方塊中，按 **確定結束** 鈕就觸發 **Notifier1. 選擇完成** 事件，以 **退出程序** 方法關閉應用程式。

```
當 Notifier1 ▾ 選擇完成
選擇值
執行   □ 如果     求 選擇值 ▾ = ▾ " 確定結束 "
       則  退出程序
```

## 9.3.5 未來展望

本專題中，當加速度感測器左右及上下同時傾斜時，應用程式會以上下傾斜優先判斷。如果能同時判斷左右及上下的傾斜度，再以傾斜度大者做為使用者的意圖，將能更精確的控制機器人運轉。

本專題為了適應最簡單的樂高設備就可操作，並未加入任何樂高感測器，若加入樂高感測器配合行動裝置遙控特色，將使機器人功能如虎添翼，例如加入超音波感測器，就可偵測特定方向是否有物品，做出預先設定的反應。也可將樂高機器人與行動裝置結合為一體，則行動裝置的各種功能就能讓機器人自由使用，例如行動裝置具有 GPS 定位系統，當機器人任意移動時，便可隨時將其位置以行動裝置的 GPS 值傳送回來。

# 範例大補帖

App Inventor 2 能做到的功能遠比我們想像得多，而且它還在不斷的成長。在本章中除了特別介紹 App Inventor 2 全新元件，我們還針對許多讀者的需求整理出許多實用的範例，讓您在製作專題時能參考。

# 10.1 App Inventor 2 全新元件

App Inventor 2 提供了許多令人驚豔的新元件，為開發者提供了更多方便且功能強大的武器，以下我們針對這些元件進行介紹。

## 10.1.1 清單顯示器元件

過去 App Inventer 無法直接顯示表列的資料，必須利用很多不同的方法來克服。如今 **清單顯示器** 元件的出現，無疑是為這個需求提供了一個解決方案。

**清單顯示器** 元件的使用方式十分簡單，只要在頁面上加入 **清單顯示器** 元件後設定顯示的區域大小，接著再設定一個字串或是陣列資料當作 **清單顯示器** 元件的資料來源，程式即可將陣列的資料一筆筆條列在 **清單顯示器** 元件的區域上。如果要顯示的項目超過 **清單顯示器** 元件的顯示範圍，元件有自動捲軸功能，只要在元件範圍上下滑動，就會捲動項目。

屬性設定

| 屬性 | 說明 |
|------|------|
| 元素 | 設定清單元素值，只能在程式拼塊中設定此屬性。 |
| 元素字串 | 設定清單元素值的字串，字串裡元素值間以逗號分隔。 |
| 選中項 | 設定選取的元素。 |
| 選中項索引 | 設定選取元素的編號，只能在程式拼塊中使用此屬性。 |
| 顯示尋找對話框 | 設定是否啟用篩選選項功能。 |
| 顯示狀態 | 設定是否在螢幕中顯示元件。 |

1. **元素字串** 屬性：可設定顯示項目值，項目之間以逗號分開，例如設定 **元素字串** 屬性值為「籃球, 足球, 游泳, 棒球, 桌球, 騎車」，即會立即建立 6 個項目，並顯示在預覽的畫面上。

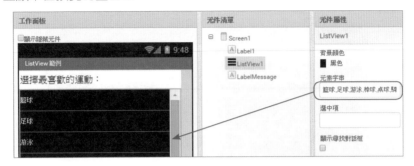

2. **元素** 屬性：清單元素值是在拼塊編輯頁面以程式拼塊設定，**元素** 屬性就是用於程式拼塊中指定 **清單顯示器** 元件的清單來源。

   例如設定 **清單顯示器** 元件 ListView1 的來源是 name 清單：

   因為 **元素** 屬性可以接收清單資料，所以可以當作資料來源的選擇就多了不少，例如 json、csv、xml 格式的資料，都能藉由對應的內建程序轉換成清單，化為 **清單顯示器** 元件的資料來源。

3. **選中項** 屬性：使用者選取的項目內容儲存於 **選中項** 屬性中。

4. **選中項索引** 屬性：它的資料格式是數字，表示使用者選取了第幾個項目。

## 事件設定

**清單顯示器** 元件中只有一個事件：

| 事件 | 說明 |
|---|---|
| **選擇完成** 事件 | 點選 **清單顯示器** 元件的項目後觸發本事件。 |

當使用者點選 **清單顯示器** 元件的項目後需要依選取的項目做後續處理，例如以 **清單顯示器** 元件顯示選擇題的答案，使用者選取答案後要判斷答案是否正確來決定是否得分，這些程式拼塊可在 **選擇完成** 事件中撰寫。

### ▼範例：以清單顯示器元件選擇喜愛運動

運動項目有 6 個，使用者可以在 **清單顯示器** 元件上下滑動，選項就會捲動。在選項上點按一下，下方就會顯示所選項目的訊息。(<ex_ListView.aia>)

## » 介面配置

這裡要特別注意：請取消核選 Screen1 的 **允許捲動** 屬性，否則 **清單顯示器** 元件項目過長時無法捲動，同時設定 **清單顯示器** 的背景顏色為黑色。

## » 程式拼塊

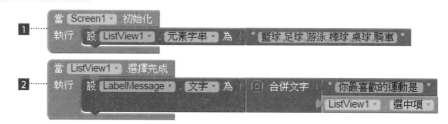

**1** 使用 **清單顯示器** 元件的 **元素字串** 屬性設定顯示項目值，此處刻意設定較多項目值，執行時項目會超過 **清單顯示器** 元件顯示範圍，讓使用者可以捲動項目。

**2** **選擇完成** 事件：顯示使用者選取的元素值，選取的元素值儲存於 **清單顯示器** 元件的 **選中項** 屬性中。

## 10.1.2 **下拉式選單元件**

**下拉式選單** 元件的功能就像是表單中常用的下拉式選項，與 **清單顯示器** 元件類似，只是選項呈現時是放置在彈出式對話方塊中，不像 **清單顯示器** 元件會將選項占滿整個畫面。

**下拉式選單** 元件　　　　　　選項

## 屬性設定

| 屬性 | 說明 |
|------|------|
| 元素 | 設定清單元素值，只能在程式拼塊中設定此屬性。 |
| 元素字串 | 設定清單元素值的字串，字串裡元素值間以逗號分隔。 |
| 提示 | 設定彈出式選項視窗的標題。 |
| 選中項 | 設定選取的元素。 |
| 選中項索引 | 設定選取元素的編號，只能在程式拼塊中設定此屬性。 |
| 顯示狀態 | 設定是否在螢幕中顯示元件。 |

**下拉式選單** 元件的屬性與 **清單顯示器** 元件很像，重要的屬性說明如下：

1. **元素字串** 屬性：可以使用字串來設定顯示項目值，項目之間以逗號分開。

2. **元素** 屬性：清單元素值是在拼塊編輯頁面以程式拼塊設定，**元素** 屬性就是用於程式拼塊中指定 **下拉式選單** 元件的清單來源。

3. **選中項** 屬性：使用者選取的項目內容儲存於 **選中項** 屬性中。

4. **選中項索引** 屬性：它的資料格式是數字，表示使用者選取了第幾個項目。

## 方法事件

| 項目 | 說明 |
|------|------|
| **選擇完成** 事件 | 點選 **下拉式選單** 元件的項目後觸發本事件。 |
| **顯示清單** 方法 | 利用其他元件來啟動 **下拉式選單** 元件。 |

1. **選擇完成** 事件：當使用者點選 **下拉式選單** 元件的項目後需要依選取的項目做後續處理，這些程式拼塊可在 **選擇完成** 事件中撰寫。

2. **顯示清單** 方法：當版面中已經加入了 **下拉式選單** 元件，其他的元件可以利用這個方法來啟動 **下拉式選單** 元件來使用。

### ▼範例：以下拉式選單元件選擇喜愛運動

設定運動項目後，使用者可以在按下 **下拉式選單** 元件後開啟選項視窗，完成選取後下方就會顯示所選項目的訊息。另外版面中另外加了一個按鈕，選按後也會開啟選項視窗，供使用者選按。(<ex_Spinner.aia>)

## » 介面配置

## » 程式拼塊

**1** 當 Screen1 初始化
執行 設 SpinnerSport 元素字串 為 " 籃球,足球,游泳,棒球,桌球,騎車 "
　　設 SpinnerSport 提示 為 " 最喜歡的運動 "

**2** 當 SpinnerSport 選擇完成
選擇項
執行 設 LabelMessage 文字 為 SpinnerSport 選中項

**3** 當 Button1 被點選
執行 呼叫 SpinnerSport 顯示清單

**1** 使用 **下拉式選單** 元件的 **元素字串** 屬性設定顯示項目值，接著使用 **提示** 屬性設定選項視窗的標題。

**2** **選擇完成** 事件：顯示使用者選取的元素值。選取的元素值將會儲存於 **下拉式選單** 元件的 **選中項** 屬性中，再將這個內容利用 LabelMesage 元件顯示在畫面上。

**3** 當按下 Button1 按鈕時，利用 **顯示清單** 方法開啟 **下拉式選單** 元件的選項視窗供使用者選取，其效果與按下 **下拉式選單** 元件是相同的。

### 10.1.3 日期選擇器、時間選擇器元件

開發常需要欄位來輸入日期及時間,過去只能使用 **文字方塊** 元件,但是往往填寫回來的資料不符格式。**日期選擇器** 及 **時間選擇器** 元件的功能就是提供一個可以輕易選取日期、時間的彈出式視窗,解決惱人的輸入問題。

**日期選擇器** 元件

**時間選擇器** 元件

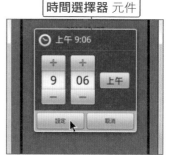

## 日期選擇器屬性設定

| 屬性 | 說明 |
|------|------|
| 背景顏色 | 設定按鈕的背景顏色。 |
| 文字 | 設定按鈕顯示文字。 |
| 文字對齊 | 設定按鈕文字對齊方式,只能在設計模式中設定。 |
| 文字顏色 | 設定按鈕文字顏色。 |
| 粗體、斜體、字元尺寸、字體 | 設定按鈕文字粗體、斜體、大小、字型。 |
| 形狀 | 設定按鈕外型,只能在設計模式中設定。 |
| 圖片 | 設定圖片當作按鈕的背景。 |
| 顯示互動效果 | 當使用圖片當作按鈕背景時,讓按下有被按下的效果。 |
| 高度、寬度 | 設定按鈕的高度及寬度。 |
| 年度 | 取得選取的西元年,格式為數字。 |
| 月份 | 取得選取的月份,格式為數字,範圍是 1 到 12。 |
| 月份名稱 | 取得選取的月份名稱,格式為文字。 |
| 日期 | 取得選取的日期,格式為數字。 |
| 顯示狀態 | 設定是否在螢幕中顯示元件。 |
| 啟用 | 設定元件是否可以使用。 |

**日期選擇器** 元件重要的屬性說明如下：

1. **年度** 屬性：在 **日期選擇器** 元件選取完畢後，可取得該日期的西元年數字。

2. **月份** 屬性：在 **日期選擇器** 元件選取完畢後，可取得該日期的月份數字，月份數字是由 1 開始算，例如 1 月的值是 1、2 月的值是 2，以此類推。

3. **月份名稱** 屬性：在 **日期選擇器** 元件選取完畢後，可取得該日期的月份文字。

4. **日期** 屬性：在 **日期選擇器** 元件選取完畢後，可取得該日期的日期數字。

## 日期選擇器事件設定

| 事件 | 說明 |
|---|---|
| **完成日期設定** 事件 | 點選 **日期選擇器** 元件的項目後觸發本事件。 |
| **取得焦點、失去焦點** 事件 | 移到或離開 **日期選擇器** 元件鈕分別會觸發的事件。 |
| **被按壓、被鬆開** 事件 | 按下或放開 **日期選擇器** 元件鈕分別會觸發的事件。 |

當使用者在 **日期選擇器** 元件的項目選取好日期後可以做後續處理，這些程式拼塊可在 **完成日期設定** 事件中撰寫。

## 時間選擇器屬性設定

| 屬性 | 說明 |
|---|---|
| 背景顏色 | 設定按鈕的背景顏色。 |
| 文字 | 設定按鈕顯示文字。 |
| 文字對齊 | 設定按鈕文字對齊方式，只能在設計模式中設定。 |
| 文字顏色 | 設定按鈕文字顏色。 |
| 粗體、斜體、字元尺寸、字體 | 設定按鈕文字粗體、斜體、大小、字型。 |
| 形狀 | 設定按鈕外型，只能在設計模式中設定。 |
| 圖片 | 設定圖片當作按鈕的背景。 |
| 顯示互動效果 | 當使用圖片當作按鈕背景時，讓圖片有被按下的效果。 |
| 高度、寬度 | 設定按鈕的高度及寬度。 |

| 事件 | 說明 |
|------|------|
| 小時 | 取得選取的小時，格式為數字。 |
| 分鐘 | 取得選取的分鐘，格式為數字。 |
| 顯示狀態 | 設定是否在螢幕中顯示元件。 |
| 啟用 | 設定元件是否可以使用。 |

**時間選擇器** 元件重要的屬性說明如下：

1. **小時** 屬性：在 **時間選擇器** 元件選取完畢後，可取得該時間的小時數字。

2. **分鐘** 屬性：在 **時間選擇器** 元件選取完畢後，可取得該時間的分鐘數字。

## 時間選擇器事件設定

| 項目 | 說明 |
|------|------|
| **完成時間設定** 事件 | 點選 **時間選擇器** 元件的項目後觸發本事件。 |
| **取得焦點**、**失去焦點** 事件 | 移到或離開 **時間選擇器** 元件鈕分別會觸發的事件。 |
| **被按壓**、**被鬆開** 事件 | 按下或放開 **時間選擇器** 元件鈕分別會觸發的事件。 |

當使用者在 **時間選擇器** 元件的項目選取好時間後可以做後續處理，這些程式拼塊可在 **完成時間設定** 事件中撰寫。

### ▶範例：顯示使用日期選擇器、時間選擇器元件選擇的日期

在畫面中使用 **日期選擇器** 及 **時間選擇器** 元件選取日期時間後，會將結果顯示在畫面中。(<ex_DateTimePicker.aia>)

## » 介面配置

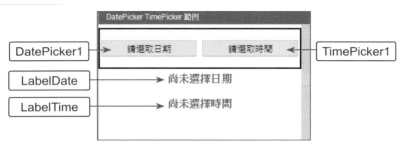

## » 程式拼塊

**1** 當 `DatePicker1` · 完成日期設定
執行　設 `LabelDate` · `文字` · 為　`合併文字`　`DatePicker1` · `年度` ·
　　　　　　　　　　　　　　　　　　　　`" / "`
　　　　　　　　　　　　　　　　　　　　`DatePicker1` · `月份` ·
　　　　　　　　　　　　　　　　　　　　`" / "`
　　　　　　　　　　　　　　　　　　　　`DatePicker1` · `日期` ·

**2** 當 `TimePicker1` · 完成時間設定
執行　設 `LabelTime` · `文字` · 為　`合併文字`　`TimePicker1` · `小時` ·
　　　　　　　　　　　　　　　　　　　　`" : "`
　　　　　　　　　　　　　　　　　　　　`TimePicker1` · `分鐘` ·

**1** **完成日期設定** 事件：使用 **日期選擇器** 元件選取好日期後，利用 **年度、月份** 及 **日期** 屬性結合成字串，利用 LabelDate 元件顯示在畫面上。

**2** **完成時間設定** 事件：使用 **時間選擇器** 元件選取好時間後，利用 **小時** 及 **分鐘** 屬性結合成字串，利用 LabelTime 元件顯示在畫面上。

## 10.1.4 訊息分享器元件

**訊息分享器** 元件的功能是能將指定的文字、檔案，藉由行動裝置上的其他 App，如電子郵件或是 Facebook，分享給別人。

## 方法事件

| 項目 | 說明 |
|------|------|
| **分享文件** 方法 | 利用手機上其他可以使用的 App 傳遞檔案。 |
| **分享文件及訊息** 方法 | 利用手機上其他可以使用的 App 傳遞訊息與檔案。 |
| **取得分享訊息** 方法 | 利用手機上其他可以使用的 App 傳遞訊息。 |

您可以在 App 中選取檔案或輸入訊息，再利用 **訊息分享器** 元件指定手機上其他可以開啟該類型檔案的 App 進行分享。

1. **分享文件** 方法：分享指定檔案到其他的 App 中開啟。

2. **分享文件及訊息** 方法：分享指定檔案及訊息到其他的 App 中開啟。

3. **取得分享訊息** 方法：分享輸入的訊息到其他的 App 中開啟。

## ▶ 範例：以訊息分享器元件分享訊息及檔案

使用者按下 **拍照傳圖** 鈕可開啟相機，在拍完照後會啟動選取的應用程式，如電子郵件 App 成為照片夾檔，在填完信件資訊後即可寄出分享。在按下 **選照傳圖** 鈕可開啟相簿，在選取完圖片後會啟動選取的應用程式，如 Facebook App 成為留言圖片，在填完留言內容資訊後即可分享在 Facebook 上。這裡要特別注意，範例因為有使用到 **照相機** 元件，因此測試時要使用實機。<ex_Share.aia>)

### » 介面配置

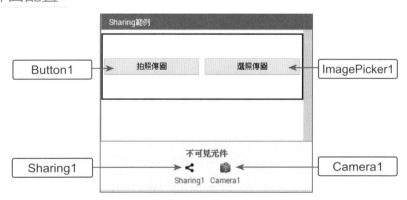

**» 程式拼塊**

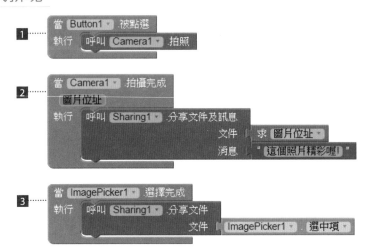

**1** 當 Button1 被按下時，啟動 **照相機** 元件 Camera1 的 **拍照** 方法進行拍照。

**2** Camera1 元件拍照完會啟動 **拍攝完成** 事件。接著使用 **訊息分享器** 元件 Sharing1 的 **分享文件及訊息** 方法來傳遞訊息 ( 消息 )，而檔案 ( 文件 ) 就設定為 Camera1 拍照後取得的圖片 ( 圖片位址 )。

**3** 當按下 **圖片圖擇器** ImagePicker1 鈕後在相簿選取照片，選好後會啟動 **選擇完成** 事件。接著使用 Sharing1 元件的 **分享文件** 方法來分享檔案 ( 文件 )，設定為 ImagePicker1 在相簿中選取後取得的圖片。

 **訊息分享器元件讀取資源區中的檔案**

**訊息分享器** 元件雖然可以由其他的元件，如 **照相機** 或 **圖片圖擇器** 來取得檔案的路徑，但是如果您想要直接存取已經上傳到專案的 **素材** 資源區中的檔案，可以直接試試以下的路徑字串：

```
"file:///sdcard/Appinventor/assets/ 檔案名稱 "
```
或
```
"/storage/Appinventor/assets/ 檔案名稱 "
```

要特別注意的是，以上的路徑可能會因為行動裝置的不同而有所差異，您可以依需求測試看看。

# 10.2 **QR Code 二維條碼設計**

QR Code 二維條碼的應用已經普及到日常生活中,到處都可以看到海報、導覽手冊、傳單或網頁上印上了二維條碼。

常常使用如 Quick Mark 等 QR Code 掃描軟體掃描二維條碼,並進行網頁的讀取,下載檔案後安裝、執行。事實上,我們也可以自己撰寫一個 QR Code 二維條碼處理程式。

本專題以兩個部分呈現,第一部分是以 Google 提供線上製作圖表工具 Google Chart API 製作二維條碼,第二部分則是使用 App Inventor 2 提供 **條碼掃描器** 元件掃描二維條碼,解讀二維條碼。

## 10.2.1 **製作二維條碼**

Google 提供線上製作圖表工具 Google Chart API,可以製作 QR Code 二維條碼,只要透過網址 URL 就可以輸出成二維條碼。其格式為:

```
https://chart.googleapis.google.com/chart? 各項參數
```

## Google Chart API 參數

| 參數 | 值 | 說明 |
|------|------|------|
| cht | qr | 圖表格式,qr 表示二維條碼。 |
| chs | width x height | 條碼大小。 |
| chl | 條碼內要存放的資料 | 資料可以為文字型態或網址。 |
| choe | 編碼方式 | 建議填 UTF-8。 |
| chld | 容錯能力 | 分成 L、M、Q、H 四個等級。 |

例如:產生顯示「AppInventor」文字的二維條碼,大小為 200x200。

```
https://chart.googleapis.google.com/chart?cht=qr&chs=200x200&chl=AppInventor
```

若是網址型態的話,就直接把 chl 部分改為網址就好了。

例如:要產生 http://www.e-happy.com.tw ,「文淵閣工作室」網址的二維條碼。

```
https://chart.googleapis.google.com/chart?cht=qr&chs=200x200
&chl=http://www.e-happy.com.tw
```

## 10.2.2 認識條碼掃描器元件

**條碼掃描器** 元件屬於 **感測器** 類別，它是非視覺元件，用以解讀 QR Code 二維條碼，**條碼掃描器** 的 **執行掃描** 方法會對二維條碼進行掃描，完成掃描後會觸發 **掃描結束** 事件，並由 **返回參數** 參數取得掃描後傳回的文字。

### 條碼掃描器元件常用屬性、方法和事件

| 項目 | 說明 |
|------|------|
| **返回參數** 屬性 | 以文字格式傳回掃描結果。 |
| **執行掃描** 方法 | 掃描二維條碼。 |
| **掃描結束** 事件 | 完成掃描後會觸發 **掃描結束** 事件，並由 **返回參數** 參數取得掃描傳回的文字。 |

### ▼範例：依文字製作二維條碼

在這個範例中，使用者可以在文字方塊中輸入文字，按 **產生 QRCode** 鈕即可產生二維條碼。(<ex_QRCodeMaker.aia>)

例如：製作「文淵閣」中文字和「http://www.e-happy.com.tw」網頁的二維條碼。

## » 版面配置

## » Screen1 重要屬性設定

| 名稱 | 屬性 | 說明 |
|------|------|------|
| Screen1 | 標題：QRCode 產生器、<br>圖示：icon_qrmake.png、<br>畫面方向：鎖定直式畫面 | 設定應用程式標題、圖示，螢幕方向為直向。 |

## » 程式拼塊

按下 **產生 QRCode** 鈕，將文字轉換為二維條碼。

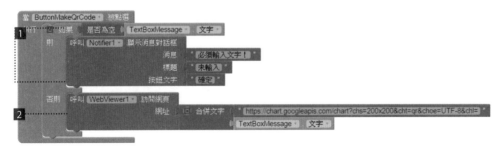

**1** 如果未輸入文字，以對話方塊提示「必須輸入文字！」。

**2** 將輸入文字轉換為二維條碼。

## 10.2.3 掃描二維條碼

第二部分是以 App Inventor 2 提供的 **條碼掃描器** 元件掃描二維條碼,並執行網頁讀取,或下載檔案後安裝、執行。

### ▌範例:掃描二維條碼取得文字

按下 **掃描 QRCode** 鈕,分別掃描前面範例「文淵閣」中文字和「http://www.e-happy.com.tw」網頁的二維條碼後傳回結果,如果文字內容是「http:// 」或是「https:// 」的網址,則以 **Activity 啟動器** 元件開啟該網頁。 (<ex_QRCodeScan.aia>)

### » 版面配置

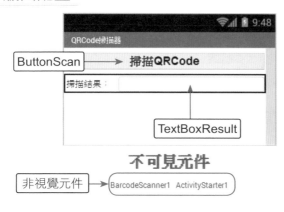

## » **Screen1** 重要屬性設定

| 名稱 | 屬性 | 說明 |
|---|---|---|
| Screen1 | 標題：QRCode 掃描器、<br>圖示：icon_qrscan.png、<br>畫面方向：鎖定直式畫面 | 設定應用程式標題、圖示，螢幕方向為直向。 |

## » 程式拼塊

1. 按下 **掃描 QRCode** 按鈕，開始掃描。

2. 掃描完成後會觸發 **掃描結束** 事件，並由 **返回結果** 參數取得掃描傳回的文字。

**1** **返回結果** 參數取得掃描傳回的文字。

**2** 掃描的是「http://」或「https://」網址，顯示掃描網址，並以 **Activity 啟動器** 元件開啟該網頁。

**3** 掃描的是一般文字，顯示掃描文字。

# 10.3 檔案存取

檔案存取是應用程式常需要使用的功能，原本 App Inventor 沒有相關的元件，必須依賴第三方軟體才能存取檔案。App Inventor 2 新增了 **文件管理器** 元件，提供檔案讀取、新增、刪除及附加功能，幾乎包含了所有檔案運作功能，檔案位置可以是 SD 卡、資源檔或應用程式內部檔案空間。

## 10.3.1 文件管理器元件

**文件管理器** 元件屬於 **資料儲存** 類別，是非視覺元件，不會在螢幕上顯示。**文件管理器** 元件沒有任何屬性，只有一個事件及四個方法，整理如下：

| 事件及方法 | 說明 |
|---|---|
| **取得文字 ( 文字 )** 事件 | 讀取檔案完畢後會觸發本事件，檔案內容會儲存於參數 **文字** 傳回。 |
| **追加內容 ( 文字 , 檔案名稱 )** 方法 | 附加方式存檔：將 **文字** 字串加在 **檔案名稱** 檔案原有內容之後，若原檔案不存則建立新檔案。 |
| **刪除 ( 檔案名稱 )** 方法 | 刪除指定的檔案。 |
| **讀取文件 ( 檔案名稱 )** 方法 | 讀取 **檔案名稱** 的檔案內容，讀取檔案完畢後會觸發 **取得文字** 事件傳回檔案內容。 |
| **儲存文件 ( 文字 , 檔案名稱 )** 方法 | 覆蓋方式存檔：將 **文字** 字串做為 **檔案名稱** 檔案內容存檔，若原檔案已存在則先刪除原檔案。 |

**讀取文件** 方法讀取檔案時，如果檔案位於 SD 卡中，需在路徑前加「/」字元，例如讀取 SD 卡 document 資料夾內的 <example.txt> 檔案：

如果在素材區按 **上傳文件** 鈕將 <example.txt> 檔案上傳到專案的資源區，以 ReadFrom 方法讀取資源區檔案時，需在檔案名稱前加「//」字元。例如讀取資源區的 <example.txt> 檔案：

讀取檔案時，如果檔案名稱前未加入任何字元，表示該檔案位於應用程式內部檔案空間，由系統自動管理，使用者不必費心，這是大部分檔案使用的方式。例如讀取應用程式內部檔案空間的 <example.txt> 檔案：

使用 **讀取文件** 方法讀取檔案時，當讀取完畢後會觸發 **取得文字** 事件，並將檔案內容儲存於 **文字** 參數中傳回，使用者可在 **取得文字** 事件中對檔案內容做適當處理。例如將檔案內容顯示於 LabelMessage 元件的程式拼塊為：

**儲存文件** 及 **追加內容** 方法的功能都是儲存檔案，當指定的檔案不存在時，都會自動建立檔案再將內容存入。兩者不同之處在於若指定儲存的檔案已存在時，**儲存文件** 方法會先將原來的檔案內容移除，再將新內容寫入檔案，而 **追加內容** 方法會保留原有內容，新內容會加在原有內容後面。

需特別注意：資源區的檔案因可能在應用程式中被頻繁使用，系統不允許資源區的檔案被改變，因此 **儲存文件**、**追加內容** 或 **刪除** 方法若以資源區檔案為對象時，會產生錯誤。例如下面三個拼塊執行時都會發生錯誤：

錯誤訊息如下圖，當錯誤訊息消失後，程式仍可繼續執行。

無法寫入的錯誤訊息

## 範例：檔案管理

程式執行後，按 **讀取檔案** 鈕就會讀取檔案內容並將其顯示於下方，若未輸入資料就按 **附加檔案** 鈕會顯示提示訊息。

輸入資料後按 **附加檔案** 鈕下方會顯示附加後資料內容。輸入資料後按 **寫入檔案** 鈕下方顯示內容則只剩最後寫入的內容。

按 **刪除檔案** 鈕會刪除全部資料，同時 **讀取檔案** 鈕會變為無作用，避免使用者誤按而發生錯誤。

(<ex_File.aia>)

## » 介面配置

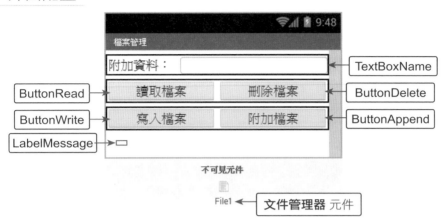

## » 程式拼塊

1. 程式開始時使用 **文件管理器** 元件的 **儲存文件** 方法新增 <name.txt> 檔案存於應用程式內部空間，檔案內有「David」及「Emmy」兩筆資料。

2. 使用者按 **讀取檔案** 鈕呼叫自訂程序 ShowText 讀取檔案內容並顯示。

3. 自訂程序 ShowText 讀取檔案內容並顯示。

**1** 使用 **文件管理器** 元件的 **讀取文件** 方法讀取 <name.txt> 檔案。

**2** 讀取檔案內容完畢後會觸發 **取得文字** 事件，此處將檔案內容顯示於 LabelMessage 元件中。

4. 使用者按 **附加檔案** 鈕就會將資料加在原檔案內容後方。

**1** 如果使用者未輸入資料就顯示提示訊息。

**2** 如果使用者輸入資料就使用 **文件管理器** 元件的 **追加內容** 方法，將資料加在 <name.txt> 檔案內容後方並更新顯示資料。

**3** 因刪除檔案功能會讓 **讀取檔案** 鈕失效，所以此處將 **讀取檔案** 鈕恢復功能。

使用者按 **寫入檔案** 鈕的拼塊與上方拼塊完全相同，只是用 **儲存文件** 方法取代 **追加內容** 方法，不再贅述。

5. 使用者按 **刪除檔案** 鈕就使用 **文件管理器** 元件的 **刪除** 方法刪除檔案，並設定 **讀取檔案** 鈕無作用。

## 10.3.2 **讀取本機 csv 檔**

善用 **文件管理器** 元件即可以讀取本機的檔案，包括 txt、csv 或 json 檔案，並加以解析。這裡將示範一個讀取儲存在本機的 csv 檔來使用的範例，並說明資料轉換的方式。

▶ **範例：讀取本機 csv 檔**

請上傳 <motocycle.csv> 檔到 **素材** 資源區，<motocycle.csv> 檔案是本書第 3 章機車題庫的題目和解答，這裡將要利用 **文件管理器** 元件來讀取這個本機的檔案。(<ex_ReadCSVFile.aia>)

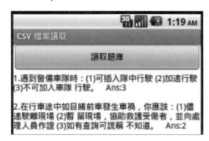

» 檔案內容

請以記事本開啟 <moyocycle.csv> 檔，點選 **檔案 \ 另存新檔**，編碼選擇 **UTF-8**，將檔案以 **UTF-8** 編碼儲存，然後將檔案上傳。

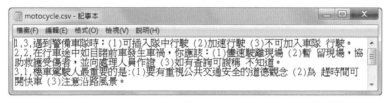

» 介面配置

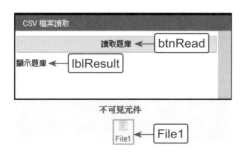

## » 程式拼塊

1. 按 **讀取檔案** 鈕讀取 <motocycle.csv> 檔案。

2. 讀取檔案後會觸發 **取得文字** 事件。

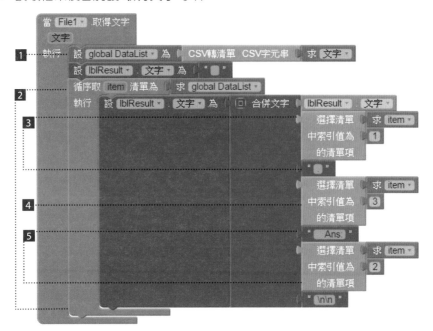

**1** 將字串格式為 csv 的檔案內容，以 **CSV 轉清單 CSV 字元串** 拼塊轉換成二維的 DataList 清單。

**2** 依序取得每筆資料 ( 每筆資料包含題號、解答、題目內容三個欄位 )。

**3** 取得每筆資料的第一個欄位，即題號，再加上字元「 .」。

**4** 取得每筆資料的第三個欄位，即題目內容。

**5** 取得每筆資料的第二個欄位，即解答，前面加上字串「 Ans:」。

# 10.4 **RSS Reader**

RSS (Really Simple Syndication) 是一種資訊來源的格式規範,可以聚合經常發佈更新資料的網站。最常見的像是個人部落格、新聞網站、公司網站等,都可以利用 RSS 的格式來發佈網站上最新資訊的摘要。在 RSS 的資訊中通常都包含資訊的標題、作者、時間、全文或摘要文字以及文章連結的網址,網路用戶可以使用許多工具進行訂閱,即可在第一時間收到最新的訊息。

TinyWebRss API (http://tinywebrss.appspot.com/) 是一個第三方開發,專門提供 App Inventor 2 使用的 Web 應用程式,只要使用網路微資料庫 (TinyWebDB) 元件,即可使用這個 API 取得整理好的 RSS 資料,較可惜是原作者不再提供服務。

我們將原服務移到新的空間繼續運作,請進入 TinyWebRss API 的網址:「http://ai2tinywebrss.appspot.com/」,在文字欄位輸入任何一個 RSS 的來源網址後按下 **GET RSS** 鈕,程式在接收之後會以 unicode 用清單的型態回傳資料,其中包含了 3 個項目,最重要的是第 3 個項目中,會將指定的 RSS 來源資料整理成一筆筆的清單,每個項目是用 RSS 的標題、內容以及連結網址以「|||」符號組合成一個字串。目前的頁面因為是以 unicode 格式顯示,因此較不易閱讀,接下來我們使用 App Inventor 實作一個範例。

## ▌範例：RSS 讀取器

在畫面中按下 **載入 RSS** 鈕，即會利用 TinyWebRss API 讀取指定的 RSS 來源並將結果整理於下方的文字標籤中。(<ex_tinywebrss.aia>)

## 》介面配置

在畫面的布局上十分單純，有一個按鈕及標籤，不同的是這裡加入了一個網路微資料庫元件，請在屬性面板設定服務位址為 TinyWebRss API 的網址：「http://ai2tinywebrss.appspot.com/」。

## » 程式拼塊

1. 定義全域變數。

> **1** ···· 初始化全域變數 `rssurl` 為 `" http://udn.com/rssfeed/news/1/7?ch=news "`
> **2** ···· 初始化全域變數 `rsslist` 為 建立空清單
> **3** ···· 初始化全域變數 `rsscontent` 為 `" "`

**1** rssurl 是以字串儲存提供 RSS 的網址。

**2** rsslist 是以清單儲存由 TinyWebRss API 所傳回的資料。

**3** rsscountent 是以字串儲存分析出來的資料內容。

2. 當按下 Button1 按鈕後，呼叫網路微資料庫元件以 RSS 網址為標籤要取得數值。這個值即是利用指定的 RSS 網址經由 TinyWebRss API 整理後回傳的 RSS 資料。

> 當 Button1 被點選
> 執行 呼叫 TinyWebDB1 取得數值
> 標籤 求 global rssurl

3. 整理 TinyWebRss API 返回的資料並顯示在標籤中。

> 當 TinyWebDB1 取得數值
> 網路資料庫標籤 網路資料庫數值
> 執行 設 global rsscontent 為 `" "`
> **1** ···· 循序取 item 清單為 求 網路資料庫數值
> 執行 設 global rsscontent 為 合併文字 求 global rsscontent
> 合併文字 `"<"`
> **2** ···· 選擇清單 分解 文字 求 item
> 分隔符號 `"|||"`
> 中索引值為 `1`
> 的清單項
> `">"`
> `"\n"`
> **3** ···· 選擇清單 分解 文字 求 item
> 分隔符號 `"|||"`
> 中索引值為 `2`
> 的清單項
> `"\n"`
> **4** ···· 選擇清單 分解 文字 求 item
> 分隔符號 `"|||"`
> 中索引值為 `3`
> 的清單項
> `"\n"` `"\n"`
> **5** ···· 設 Label1 文字 為 求 global rsscontent

**1** TinyWebRss API 返回的資料是清單的格式，在這個迴圈中一筆筆整理所接收的值，最後儲存在 rsscountent 變數中。

**2** 返回的資料清單中的每一個項目內容是將網站的標題、內容以及連結網址以「|||」符號組合成一個字串，使用拼塊利用「|||」符號將字串分解成擁有 3 個項目的清單，第 1 個項目是標題，第 2 個項目是內容，第 3 個項目是網頁連結。首先取出第 1 個項目的標題並在前後加上「<」、「>」以示區隔，並在最後加入「\n」分行。

**3** 接著取出第 2 個項目的內容並在最後加入「\n」分行。

**4** 接著取出第 3 個項目的內容並在最後加入「\n------------------------------\n」和下一則資料區隔並分行。

**5** 最後將設定 Label1 的文字設定為 rsscountent 變數內容來顯示。

Appendix

A

# Arduino 互動控制 App

App Inventor 2 雖然沒有提供控制 Arduino 的元件，然而只要在 Arduino 上安裝藍牙模組，App Inventor 2 就能以藍牙與 Arduino 溝通，達到自動控制的功能。利用行動裝置的語音辨識功能，就可以用說話方式控制 Arduino 上的元件，即使小朋友也可操作自如。

本應用程式使用行動裝置的藍牙系統與 Arduino 連線，為了使 Arduino 元件單純化，Arduino 上只連接紅、黃、綠三顆 LED 燈炮，使用者可用行動裝置點亮或熄滅三顆 LED 燈炮，也可以讓三顆 LED 燈炮輪流閃爍。

# A.1 專題介紹：與 Arduino 互動控制

自動控制一直是許多人頗感興趣的主題，而目前 Arduino 因價格便宜又功能強大，為大多數學習自動控制者採用。App Inventor 2 雖然沒有提供控制 Arduino 的元件，然而只要在 Arduino 上安裝藍牙模組，App Inventor 2 就能以藍牙與 Arduino 溝通，達到自動控制的功能。

本應用程式使用行動裝置的藍牙系統與 Arduino 連線，為了使 Arduino 元件單純化，Arduino 上只連接紅、黃、綠三顆 LED 燈炮，使用者可用行動裝置點亮或熄滅三顆 LED 燈炮，也可以讓三顆 LED 燈炮輪流閃爍。不同於前一章的樂高機器人只能單向傳輸 (行動裝置可向機器人傳送命令，但機器人無法傳送資料給行動裝置)，本應用程式可進行雙向資料傳送，當 Arduino 改變 LED 燈狀態時，會傳送訊息告知應用程式，使應用程式中的燈泡圖形做同步改變。

語音辨識是智慧型手機的特色，本系統可以用說話方式點亮或熄滅 Arduino 上三顆 LED 燈炮，即使小朋友也可操作自如。

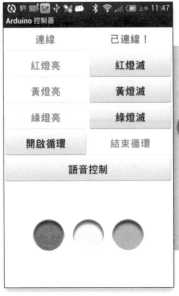

## A.2 專題重要技巧

要使用行動裝置控制 Arduino，必須先將 Arduino 與行動裝置以藍牙配對，建立兩者之間連繫管道，才能利用行動裝置傳達指令給 Arduino 執行，或者由 Arduino 傳送資料給行動裝置。

### A.2.1 安裝 Arduino 整合環境

Arduino 整合環境結合編輯、驗證、編譯、燒錄等功能，在 Arduino 整合環境開發應用程式可以事半功倍。Arduino 整合環境軟體可在 Arduino 官方網站下載：於瀏覽器網址列輸入「http://arduino.cc/en/Main/Software」，捲到下方點選最新版軟體即可下載。

解壓縮下載的檔案不需安裝即可執行：在解壓縮資料夾中 <arduino.exe> 檔案快速按滑鼠左鍵兩下，就會開啟 Arduino 整合環境。

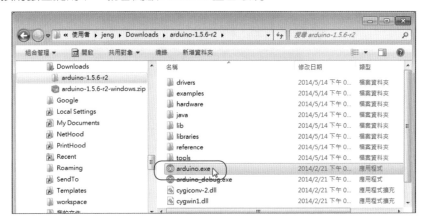

預設的語言是英文，可將其設定為中文：執行功能表 **File / Preferences**，在
**Preferences** 對話方塊 **Editor Language** 欄位下拉式選單中選按 **繁體中文**，再按
**OK** 鈕，需關閉再開啟 Arduino 整合環境才會以中文顯示。

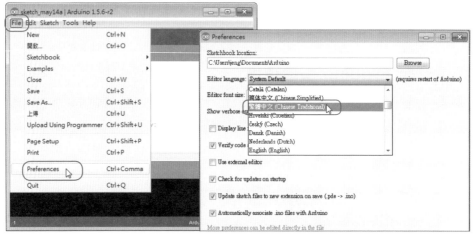

 **關於中文化**

新版本剛釋出時，通常不會完全中文化，而在一段時間之後，使用中文化較佳。

## A.2.2 安裝 Arduino 驅動程式

市面上 Arduino 板的種類繁多，本書使用價格較低廉的 Arduino UNO 板：

將 Arduino 板以 USB 線與電腦連接，大部分系統會自動偵測到 Arduino 板並安
裝驅動程式。

若系統無法自動安裝驅動程式，就需手動安裝驅動程式：執行 **開始 / 控制台 / 系統及安全性 / 裝置管理員**，於 **其他裝置** 有「驚嘆號」的裝置上按滑鼠右鍵，於快顯功能表點選 **更新驅動程式軟體**，再於 **更新驅動程式軟體** 對話方塊點按 **瀏覽電腦上的驅動程式軟體**。

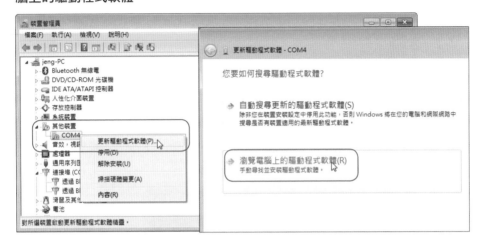

驅動程式位於前一小節下載檔案解壓縮後資料夾的 <drivers> 資料夾中，按 **瀏覽** 鈕選擇驅動程式資料夾後按 **下一步** 鈕，即可安裝完成驅動程式。

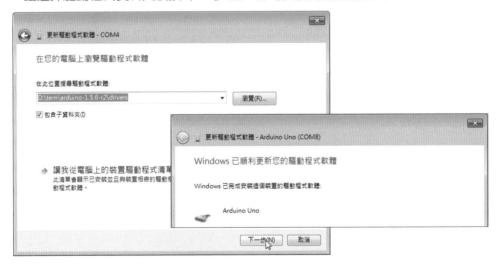

驅動程式安裝完成就可在 **裝置管理員** 中 **連接埠 (COM 和 LPT)** 項目見到 Arduino 裝置，記住 Arduino 的連接埠位址 ( 如此處為 COM8)，在後續 Arduino 整合環境的設定需用到此連接埠位址。

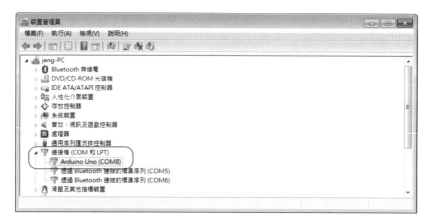

回到 Arduino 整合環境設定 Arduino 板的型號：執行功能表 **Tools / Board**，於板子類型清單點選 **Arduino Uno**。

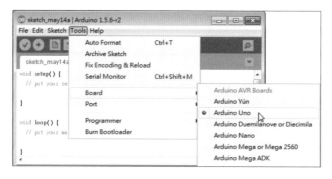

最後設定 Arduino 板的連接埠位置：執行 **Tools / Port**，於連接埠清單點選 **COM8** ( 此處使用者要選擇自己的連接埠位置 )。

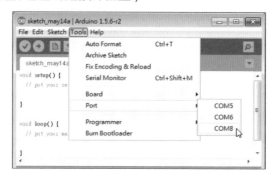

## A.2.3 專案使用模組

為了簡化 Arduino 板的操作，通常會將 Arduino 板接上擴充板，然後在擴充板上接電路或元件。以 LED 燈泡為例，若直接接在 Arduino 板，需使用麵包板，而且需在 LED 燈泡的電路上加裝電阻，否則 LED 燈泡會燒毀；若使用擴充板，就可直接將 LED 燈泡模組接在擴充板上，非常方便。本專案使用的擴充板為 Arduino Sensor Shield v5.0（左下圖，右下圖是擴充板套在 Arduino 板的樣子），本專案所有模組都是接在擴充板上。

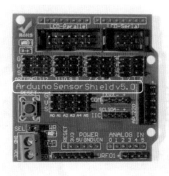

本專案使用的 LED 燈泡是 Keyes 生產的模組，編號為 K855396。連接時要注意燈泡的 GND 接到擴充板的 G 腳位，燈泡的 VCC 接到擴充板的 V 腳位，燈泡的 IN 則接到擴充板的 S 腳位，不可接錯 。

本專案使用的藍牙模組是 Csr 公司生產的模組 ( 左下圖 )，使用的晶片為 BC417。Arduino 板的 D0 腳位預設為接收資料 (RXD)，D1 腳位預設為傳送資料 (TXD)，藍牙模組與 Arduino 板連接時要注意藍牙的 TXD 需接到 Arduino 板的 RXD，藍牙的 RXD 接到 Arduino 板的 TXD，這是使用者常發生的錯誤。

藍牙模組的接線方式為藍牙的 GND 接到擴充板的 G 腳位，藍牙的 VCC 接到擴充板的 V 腳位，藍牙的 TXD 接到擴充板 D0 的 S 腳位 ，藍牙的 RXD 接到擴充板 D1 的 S 腳位 ( 右下圖 )。

 **如何購買 Arduino 的相關設備？**

許多讀者會煩惱，若對於 **Arduino** 的專題有興趣，該在什麼地方買到這些相關的設備呢？其實目前 **Arduino** 的設備已經相當普及，本專案刻意使用較多人使用的模組，只要到電子材料行 (如光華商場、台中電子街等) 或者直接透過網路，在拍賣網站上搜尋就可以輕易購買到，價格也相當合理便宜。

## 解決傳輸腳位衝突問題

於 Arduino 整合環境中將應用程式燒錄到 Arduino 板時，是使用 D0 和 D1 腳位來傳輸資料，但藍牙模組連接已佔用了 D0 和 D1 腳位，使得在 Arduino 整合環境中無法將應用程式燒錄到 Arduino 板，此問題該如何解決呢？

SoftwareSerial 程式庫可用軟體方式使用其他腳位來傳送及接收資料，本專題利用 SoftwareSerial 程式庫來與藍牙模組溝通，設定 D2 腳位為傳送腳 (TXD)，D3 腳位為接收腳 (RXD)。

本專題藍牙模組連接的腳位為：藍牙的 TXD 接到擴充板 D3 的 S 腳位，藍牙的 RXD 接到擴充板 D2 的 S 腳位。(SoftwareSerial 程式庫的使用方法將在下一節 Arduino 程式說明 )

## A.2.4 藍牙模組與行動裝置藍牙配對

首先提供 Arduino 板電源：將連接藍牙模組的 Arduino 板以 USB 線與電腦連接，或將 Arduino 板連接行動電源。

接著開啟行動裝置藍牙功能：Android 系統開啟藍牙功能的操作，不同裝置可能略有差異，但基本流程大致相同，此處以 HTC One X 為例：

先執行行動裝置的 **設定** 功能，如果 **藍牙** 項目右方顯示 **關** 字樣，點按一下就可開啟藍牙功能，同時顯示 **開** 字樣。點按 **藍牙** 項目則會切換到 **藍牙** 頁面，點按右上角 **選單** 鈕，於彈出選單中點按 **搜尋裝置** 項目。

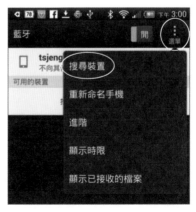

系統會自動尋找周遭存在的藍牙裝置，顯示於下方 **可用的裝置** 欄中，例如此處已搜尋到名稱為 **HC-06** 的藍牙裝置。點按 **HC-06** 裝置就可進行配對，輸入「1234」後按 **確定** 鈕就完成配對。

完成配對的裝置會在 **配對裝置** 欄位顯示，以後只要行動裝置及藍牙模組開啟，就會自動配對。要注意此時只是配對成功，尚未連線，藍牙連線需在行動裝置中撰寫程式進行連線才行。

# A.3 專題實作：Arduino 互動控制

App Inventor 2 雖然沒有提供控制 Arduino 的元件，然而只要在 Arduino 上安裝藍牙模組，App Inventor 2 就能以藍牙與 Arduino 溝通，達到自動控制的功能。利用行動裝置的語音辨識功能，就可以用說話方式控制 Arduino 上的元件，即使小朋友也可操作自如。

## A.3.1 專題發想

參觀電腦展時，會發現越來越多電器可以使用手機操控，讓電器使用的便利性大為提升。Arduino 板是目前使用最多的簡易控制板，只要電器接在 Arduino 板上，即可透過藍牙與手機連線，使用手機來控制電器了。

## A.3.2 專題總覽

將紅、黃、綠三個 LED 燈泡及藍牙模組都正確安裝在 Arduino 板並接上電源，執行手機應用程式後按 **連線** 鈕，會顯示可用的藍牙裝置。

專題路徑：<mypro_ArduinoLED.aia>。

 **需在實機上執行**

本專題使用藍牙及語音辨識功能，必須在行動裝置上執行。

如果藍牙模組尚未開啟而無法連線，會以彈出視窗告知使用者。若順利連線就可以按鈕控制 LED 燈：按 **紅燈亮** 鈕可點亮紅色 LED 燈，按 **紅燈滅** 鈕可熄滅紅色 LED 燈，依此類推。按 **開啟循環** 鈕後三顆 LED 燈會輪流閃爍，按 **結束循環** 鈕後則會停止閃爍。

按 **語音控制** 鈕就會開啟語音辨識功能，使用者可輸入語音控制 LED 燈：例如說「紅燈亮」則紅色 LED 燈會點亮，可連續輸入語音，說「結束」才關閉語音輸入功能 ( 語音控制不提供 **開啟循環** 及 **結束循環** 功能 )。

### A.3.3 **Arduino 元件連接**

紅、黃、綠三個 LED 燈泡及藍牙模組必須正確安裝在 Arduino 板上：

紅色 LED 燈接在 D8 腳位，黃色 LED 燈接在 D9 腳位，綠色 LED 燈接在 D10 腳位。燈泡的 GND 接到擴充板的 G 腳位，燈泡的 VCC 接到擴充板的 V 腳位，燈泡的 IN 接到擴充板的 S 腳位。

藍牙模組的 GND 接到擴充板的 G 腳位，藍牙的 VCC 接到擴充板的 V 腳位，藍牙的 TXD 接到擴充板 D3 的 S 腳位 ，藍牙的 RXD 接到擴充板 D2 的 S 腳位。

### A.3.4 **Arduino 程式**

本專題使用的 Arduino 程式位於書附光碟 <附錄 A\BT_LEDSerial\BT_LEDSerial. ino>，於 **檔案總管** 中在該檔案上按滑鼠左鍵兩下，就會開啟 Arduino 整合環境並載入該檔案。

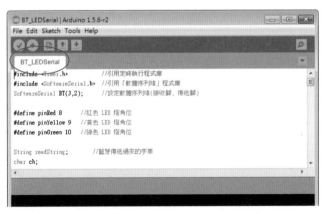

因為本應用程式以 SoftwareSerial 程式庫來使用 D2 及 D3 腳位做為藍牙模組傳送及接收資料的腳位,及 Timer 程式庫來定時執行指定程式碼,因此必須將這兩個程式庫加入 Arduino 整合環境的程式庫資料夾:將書附光碟本章資料夾中的 <SoftwareSerial> 及 <Timer> 兩個資料夾複製到 Arduino 資料夾內的 <libraries> 資料夾中。

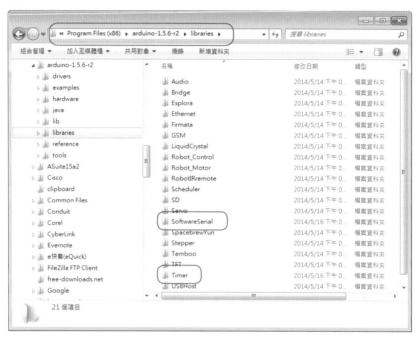

關閉 Arduino 整合環境再重新開啟,加入的程式庫才會生效。以 USB 線連接 Arduino 板及電腦,按 Arduino 整合環境工具列 鈕將程式燒錄到 Arduino 板,當左下方出現 **Done Uploading** 即表示燒錄完成。

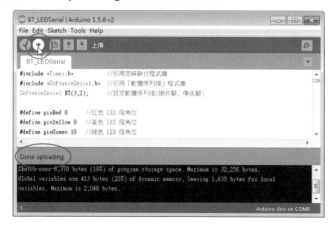

Arduino 程式列表及說明如下：

```
1 #include <Timer.h>              // 引用定時執行程式庫
2 #include <SoftwareSerial.h>   // 引用「軟體序列埠」程式庫
3 SoftwareSerial BT(3,2);        // 設定軟體序列埠 ( 接收腳 , 傳送腳 )
4
5 #define pinRed 8      // 紅色 LED 燈角位
6 #define pinYellow 9   // 黃色 LED 燈角位
7 #define pinGreen 10    // 綠色 LED 燈角位
8
9 String readString;       // 藍芽傳送過來的字串
10 char ch;
11 boolean flagCycle=false;  //LED 燈是否閃爍
12 int interval=500;         //LED 燈閃爍的時間間隔
13 int blink=1;              //1 為紅燈閃爍，2 為黃燈閃爍，3 為綠燈閃爍
14 Timer t;                 // 建立定時執行物件
15
16 void setup() {
17   BT.begin(9600);          // 啟動軟體序列埠
18   t.every(1000,ledCycle); // 每秒執行一次
19 }
20
21 void loop() {
22   if(readString.length()>0) {  // 如果有接收的字串就將其清空
23     readString="";
24   }
25   while(BT.available()) {   // 若有資料傳送過來就接收
26     delay(3);
27     ch = BT.read();
28     readString+=ch;
29   }
30   t.update();   // 更新閃爍狀態
31   if (readString=="redon") {  // 紅燈亮
32     digitalWrite(pinRed, HIGH);
33     BT.println("zrn"); // 傳送「zrn」給 AI2
34   } else if (readString=="redoff") {   // 紅燈滅
35     digitalWrite(pinRed, LOW);
36     BT.println("zrf"); // 傳送「zrf」給 AI2
37   } else if (readString=="yellowon") {  // 黃燈亮
38     digitalWrite(pinYellow, HIGH);
39     BT.println("zyn"); // 傳送「zyn」給 AI2
40   } else if (readString=="yellowoff") {  // 黃燈滅
```

```
41      digitalWrite(pinYellow, LOW);
42      BT.println("zyf");    // 傳送「zyf」給 AI2
43   } else if (readString=="greenon") {    // 綠燈亮
44      digitalWrite(pinGreen, HIGH);
45      BT.println("zgn");    // 傳送「zgn」給 AI2
46   } else if (readString=="greenoff") {    // 綠燈滅
47      digitalWrite(pinGreen, LOW);
48      BT.println("zgf");    // 傳送「zgf」給 AI2
49   } else if (readString=="cycleon") {    // 開始閃爍
50      BT.println("zcn");    // 傳送「zcn」給 AI2
51      digitalWrite(pinRed, LOW);
52      digitalWrite(pinYellow, LOW);
53      digitalWrite(pinGreen, LOW);
54      blink=1;
55      flagCycle=true;
56   } else if (readString=="cycleoff") {    // 結束閃爍
57      BT.println("zcf");    // 傳送「zcf」給 AI2
58      flagCycle=false;
59   }
60 }
61
62 void ledCycle() {    //LED 燈閃爍
63   if(flagCycle) {    // 目前 LED 燈正在閃爍
64      if(blink==1) {    // 紅燈閃爍
65         digitalWrite(pinRed, HIGH);
66         delay(interval);
67         digitalWrite(pinRed, LOW);
68         delay(interval);
69      } else if(blink==2) {    // 黃燈閃爍
70         digitalWrite(pinYellow, HIGH);
71         delay(interval);
72         digitalWrite(pinYellow, LOW);
73         delay(interval);
74      } else if(blink==3) {    // 綠燈閃爍
75         digitalWrite(pinGreen, HIGH);
76         delay(interval);
77         digitalWrite(pinGreen, LOW);
78         delay(interval);
79      }
80      blink++;
81      if(blink>3)  blink=1;    // 循環
82   }
83 }
```

■ 1-2　　引用外部程式庫。

■ 3　　　設定 D3 為軟體接收腳位，D2 為軟體傳送腳位。

■ 5-7　　設定 D8、D9、D10 為紅、黃、綠 LED 燈的連接腳位。

■ 9-13　　建立全域變數。

■ 14　　建立定時執行程式碼的物件 t。

■ 17　　設定軟體傳輸速率為 9600，這是藍牙模組預設的傳輸速度。

■ 18　　設定物件 t 每秒執行 ledCycle 程序 (LED 燈閃爍 ) 一次。

■ 22-24　清空原有接收字串，以便重新接收資料。

■ 25-29　如果有資料傳送過來，一次接收一個字元，再組成完整字串。

■ 30　　更新物件 t 的執行結果。

■ 31-33　如果接收的資料是「redon」，就點亮紅色 LED 燈並傳送「zrn」字串給 App Inventor 2。

■ 34-48　結構與 31-33 列相同，分別執行點亮或熄滅 LED 燈並傳送對應資料給 App Inventor 2。

■ 49-55　如果接收的資料是「cycleon」，就熄滅三個 LED 燈並傳送「zcn」字串給 AI2，再設定 flagCycle 為 true 開始 LED 燈閃爍，「blink=1」表示由紅燈開始閃爍。

■ 56-58　如果接收的資料是「cycleoff」，就設定 flagCycle 為 false 停止 LED 燈閃爍，並傳送「zcf」字串給 AI2。

■ 62-83　三個 LED 燈輪流閃爍的程序。

■ 63　　只有在 flagCycle 為 true 時，才執行 64-81 列讓 LED 燈閃爍。

■ 64-68　blink 為 1 時紅燈會閃爍。

■ 69-79　blink 為 2、3 時黃燈、綠燈會閃爍。

■ 80　　blink 加 1 表示下次執行本程序時，下一個 LED 燈會閃爍。

■ 81　　如果 blink 值大於 3 表示綠燈閃爍完畢，就回到紅燈閃爍。

## A.3.5 **App Inventer 2 介面配置**

本專題只有一個頁面，主要是一些按鈕，下方有三個 **圖片** 元件用來顯示紅、黃、綠三個燈號：

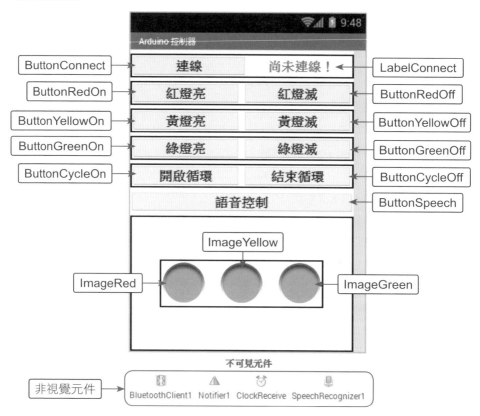

## A.3.6 **App Inventer 2 程式拼塊說明**

1. 定義全域變數。

**1** receive 變數儲存由 Arduino 板傳回的字串。

**2** temText 儲存暫時字串。

2. 程式開始時設定起始值。

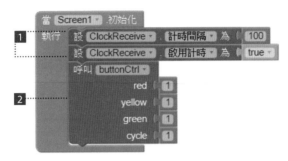

1 啟動接收資料計時器,每 0.1 秒接收一次。

2 呼叫 buttonCtrl 自訂程序設定點亮三個 LED 燈及 **開始循環** 鈕有作用,熄滅三個 LED 燈及 **結束循環** 鈕則無作用。

3. buttonCtrl 自訂程序設定點亮、熄滅三個 LED 燈鈕及開始、結束循環鈕是否有作用。

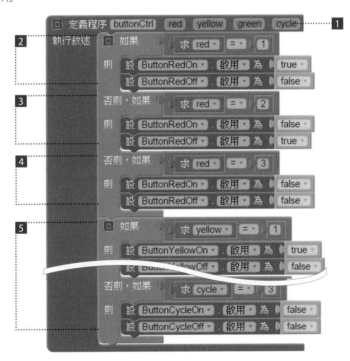

1 red 參數設定紅燈亮、滅按鈕是否有作用,同理,yellow、green、cycle 參數分別設定黃燈、綠燈及循環按鈕是否有作用。

**2** 如果 red=1 就讓 **紅燈亮** 鈕有作用，**紅燈滅** 鈕無作用。

**3** 如果 red=2 就讓 **紅燈亮** 鈕無作用，**紅燈滅** 鈕有作用。

**4** 如果 red=3 就讓 **紅燈亮** 及 **紅燈滅** 鈕都無作用。

**5** yellow、green、cycle 參數的作用情況與 red 參數完全相同，不再贅述。

4. 使用者按 **連線** 鈕後，ListPicker1 元件會讀入已配對藍牙裝置，使用者選取後進行連線。

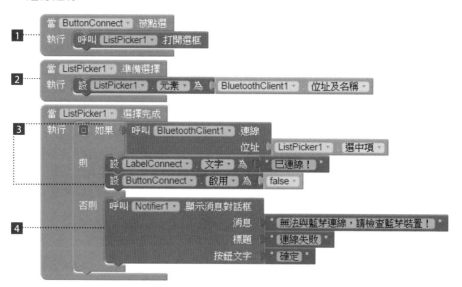

**1** 使用者按 **連線** 鈕後，開啟 ListPicker1 元件。

**2** 在開啟 ListPicker1 元件前先讀入已配對的藍牙裝置。

**3** 若連線成功就顯示「已連線」訊息，並讓 **連線** 鈕無作用。

**4** 若連線失敗就以對話方塊告知使用者。

5. 使用者在連線狀態按 **紅燈亮** 鈕就呼叫 redOn 自訂程序點亮 Arduino 板上的紅色燈，按 **紅燈滅** 鈕就呼叫 redOff 自訂程序熄滅 Arduino 板上的紅色燈。

同理，使用者按 **黃燈亮**、**黃燈滅**、**綠燈亮**、**綠燈滅**、**開始循環**、**結束循環** 鈕
就分別呼叫 yellowOn、yellowOff、greenOn、greenOff、cycleOn、cycleOff
自訂程序執行對應功能，此處不再列出程式拼塊。

6. redOn 自訂程序的功能是點亮 Arduino 板上的紅色燈，redOff 自訂程序則會
   熄滅 Arduino 板上的紅色燈。

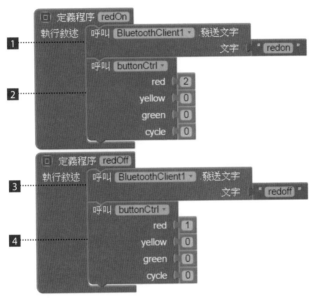

**1** 使用 BluetoothClient 元件的 **發送文字** 方法經藍牙傳送「redon」字串給
　　Arduino 板，由前一小節 Arduino 程式 31 到 33 列得知：Arduino 板接收到
　　「redon」字串會點亮紅色 LED 燈，並傳回「zrn」字串給本應用程式。

**2** 設定 **紅燈亮** 鈕無作用，**紅燈滅** 鈕有作用。參數值為 0 表示不改變該按鈕目
　　前的作用狀態。

**3** 使用 BluetoothClient 元件的 **發送文字** 方法經藍牙傳送「redoff」字串給
　　Arduino 板，由前一小節 Arduino 程式 34 到 36 列得知：Arduino 板接收到
　　「redoff」字串會熄滅紅色 LED 燈，並傳回「zrf」字串給本應用程式。

**4** 設定 **紅燈亮** 鈕有作用，**紅燈滅** 鈕無作用。

同理，yellowOn、yellowOff、greenOn、greenOff、cycleOn、cycleOff 也是
傳送字串執行指定功能，此處不再列出程式拼塊。

7. ClockReceive 計時器每隔 0.1 秒檢查是否有資料由 Arduino 板傳回。

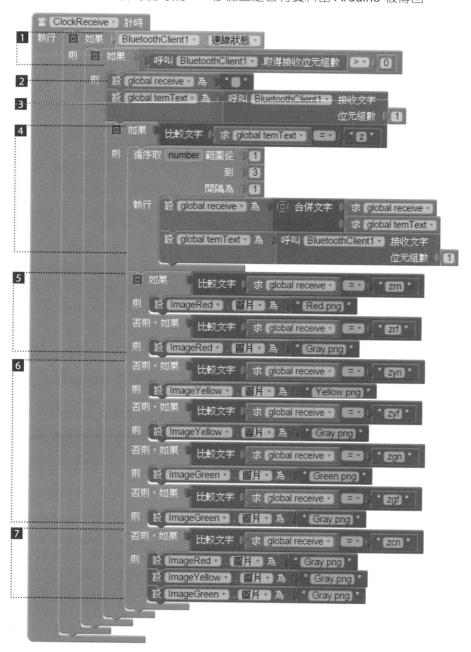

**1** 在連線狀態且有資料傳回時才執行 **2** 到 **7**。

**2** 先將接收資料變數清空以免殘留上次接收的資料

**3** 接收一個字元存入 temText 變數中。

**4** 所有傳回資料都是 3 個字元且第 1 個字元為「z」，所以檢查若第 1 個字元為「z」就將 3 個字組成字串存入 receive 變數中。

**5** 若接收字串為「zrn」就將下面紅燈圖示切換為亮燈圖形，若接收字串為「zrf」就將下面紅燈圖示切換為熄燈圖形。

**6** 黃燈及綠燈的處理情形與紅燈相同。

**7** 若接收字串為「zcn」表示是要做三個 LED 燈循環爍，就將下面三個燈泡圖示都切換為熄燈圖形。

8. 使用者按 **語音控制** 鈕後開啟語音辨識功能讓使用者輸入語音。

9. 系統完成語音辨識工作後會傳回辨識結果 ( 參數 **返回結果** )，設計者可依據辨識結果做不同處理。

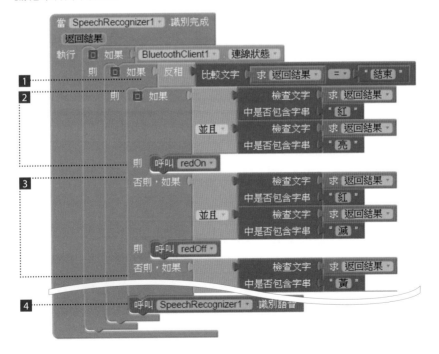

■ 為了讓使用者可以連續下達語音指令，在事件最後用 **識別語音** 方法 ( 拼塊 ❹ ) 讓語音輸入不斷循環。如果使用者輸入的語音是「結束」，就直接結束語音輸入。

② 如果語音辨識結果包含「紅」及「亮」，就呼叫 redon 自訂程序點亮 Arduino 板的紅燈及下方紅燈圖形。

❸ 同理，如果語音辨識結果包含「紅」及「滅」，就呼叫 redoff 自訂程序；包含「黃」及「亮」，就呼叫 yellowon 自訂程序；包含「黃」及「滅」，就呼叫 yellowoff 自訂程序；包含「綠」及「亮」，就呼叫 greenon 自訂程序；包含「綠」及「滅」，就呼叫 greenoff 自訂程序執行對應功能。

❹ 使用 **識別語音** 方法讓語音輸入不斷循環。

## A.3.7 未來展望

本專題為讓使用者可用最少元件學習 App Inventor 2 與 Arduino 板的溝通，因此 Arduino 元件僅用了 LED 燈，使用者可將各種感測器接在 Arduino 板上，就可製作出各種實用的硬體控制應用程式。

本專題不但示範了從 App Inventor 2 傳送資料給 Arduino 板，更說明了 App Inventor 2 由 Arduino 板接收資料的方法，使用者只要將各種感測器傳送的資料替換本專題 App Inventor 2 的接收資料，修改處理資料的程式拼塊，即可輕易完成 App Inventor 2 與 Arduino 的互動功能，例如使用酒精感測器，就能自製酒測機；使用濕度感測器，就能製作自動灑水系統等。

# NFC 應用

NFC 能讓電子設備在十餘公分的距離內，以非接觸方式進行點對點的資料傳輸。原先的設計是應用在車票、門票、電子錢包等小額付款，在 Android 4.0 之後更支援「Android Beam」應用，可以讓兩支擁有 NFC 功能的裝置互相傳輸瀏覽器網頁、聯絡人…等內容。

## B.1 認識 NFC

NFC，全名為 Near Field Communication（近場通訊），又稱為近距離無線通訊，它能讓電子設備在十餘公分距離內，以非接觸方式進行點對點的資料傳輸。原先的設計是應用在車票、門票、電子錢包等小額付款，在 Android 4.0 之後更支援「Android Beam」應用，可以讓兩支擁有 NFC 功能的裝置互相傳輸瀏覽器網頁、聯絡人…等應用程式的內容。下圖為 NFC 的認證標誌。

目前市場上大部分有內置 NFC 的裝置皆以手機為主，2006 年諾基亞推出第一部內置 NFC 的手機，其後開始陸續有不少手機型號推出相關功能的產品。目前市場上內建 NFC 的手機大部分都屬於高階的智慧型手機，隨著 NFC 應用的普及，有越來越的設備都開始將 NFC 功能納入設計的考量。

## B.2 **NearField 元件**

在 App Inventor 2 的 **感測器** 項目中，提供了 **NFC** 元件來實現 NFC 功能。**NFC** 元件是屬於非視覺元件，能與另一台具有 NFC 功能的設備進行接收或傳輸資料的動作。請注意，目前 **NFC** 元件傳輸的資料格式只允許為文字。

執行 NFC 資料傳輸前，所有將要使用的手機都必須將 **設定 / 更多設定** 中，**檔案傳輸 / 資料傳輸** 項目中的 NFC 功能開啟。另外要特別注意的：使用 **NFC** 元件的專題不能使用模擬器操作，而必須編譯成 apk 檔安裝在實機上測試。

### 屬性設定

| 屬性 | 說明 |
|---|---|
| **啟用讀取模式** | 設定 **NFC** 元件為接收或傳送格式，預設為 true 表示接收資料模式，而當 **啟用讀取模式** = false 表示 **NFC** 元件為傳送資料模式。 |
| **最新訊息** | **NFC** 元件接收的資料。 |
| **寫入文字** | **NFC** 元件要寫入 NFC Tag 的文字資料。 |
| **寫入類型** | 儲存資料的格式，屬於唯讀屬性。有 Type 1 ~ Type 4 四種格式，預設是 Type 1。<br>Type1、Type2 皆為可讀寫，Type1 容量限制由 96 bytes 至 2KB 不等，Type 2 容量限制由 48 bytes 至 144 bytes（理論值最高 2KB）不等。<br>Type 3、Type4 出廠即設定為唯讀或可覆寫，Type3 (FeliCa) 容量有 1 KB、4KB 和 9KB，理論值最大可有 1MB 的容量。<br>Type 4 容量最高可達 32 KB。 |

### 事件設定

**NFC** 元件有兩個事件：

| 事件 | 說明 |
|---|---|
| **讀取標籤** 事件 | 手機感應到 NFC Tag 時將會觸發此事件，設定 **啟用讀取模式** = false 為資料傳送方，設定 **啟用讀取模式** = true 為資料接收方。參數 **消息** 為傳送的資料，其格式必須為文字。 |
| **寫入標籤** 事件 | 當 NFC 元件設定 **啟用讀取模式** = false，手機與 NFC Tag 設備接觸會執行寫入資料的動作，此時會觸發此事件。 |

# B.3 NFC 行動裝置資料傳遞應用

NFC 第一種常見的運用方式是點對點 (P2P mode) 模式，它的運作方式與紅外線 (RFID) 相似，可用於資料交換。NFC 比起紅外線來說，傳輸距離較短，傳輸的建立與速度也較快，所需要的功耗也較低。使用時只要將兩個具備 NFC 功能的裝置連結，即能進行資料點對點傳輸，例如下載音樂、交換圖片或者進行聯絡簿的同步等。

## ▼ 範例：以 NFC 元件傳遞和接收資料

在 App Inventor 2 中 **NFC** 元件只能傳遞文字格式的資料，在這個範例中將示範如何在兩台手機間以 **NFC** 元件互相傳遞資料。(<ex_NFC.aia>)

1. 第一台手機輸入欲傳送的資料後按下 **傳送資料** 鈕，即可將資料傳送出去。並顯示工作模式為傳送端，**寫入類型** 為 1。

2. 另一台手機按下 **讀取資料** 鈕設定為接收端，並顯示工作模式為接收端。當兩台 NFC 手機背對背時，傳送端出現準備傳送畫面，按下手機面板後即可傳輸。

3. 接收端會出現 NFC 程式清單，從清單中選擇 ex_NFC 應用程式，開啟後即可顯示接收到資料。

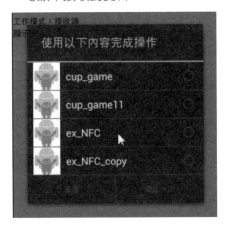

» 介面配置

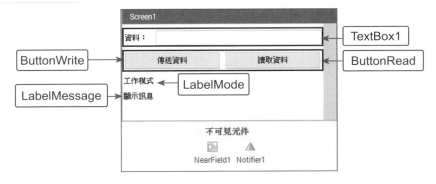

## » 程式拼塊

1. 按下 **傳送資料** 鈕。

**1** 以 **啟用讀取模式** = false 設定為傳送端。

**2** 如果有資料要傳送,以 **寫入文字** 屬性設定傳送的資料,並以 **寫入類型** 顯示傳送資料的模式。

**3** 未輸入資料的處理。

2. 按下 **接收資料** 鈕,以 **啟用讀取模式** = true 設定為接收端。

3. 當接收到資料時會觸發 **讀取標籤** 事件,參數 **消息** 為傳送的資料,也可以 **最新訊息** 屬性取得傳送的資料。

 **NFC 專題必須在實機上安裝 apk 執行測試**

NFC 範例必須以 **apk** 檔安裝在實機上才能正確執行。

# B.4 NFC 讀卡器應用

NFC 第二種常見的運用方式，就是讀卡器模式 (Reader/Writer mode)。在這個模式下，NFC 裝置能當作讀卡器，在掃瞄 NFC Tag 電子標籤後可讀取儲存在其中的相關訊息。目前市場上有許多樣式的 NFC Tag 電子標籤，例如塑膠卡片、鑰匙環，甚至有些廠商將 NFC Tag 製作成貼紙，讓使用者可以黏貼在其他的平面上。您可以在電子材料行或是網拍上購買到這些 NFC Tag，價格也相當便宜。

## ▼ 範例：NFC 讀卡器

**NFC** 元件能讀取及寫入 NFC Tag 的資料。(<ex_NfcTagReader.aia>)

1. 請將有儲存文字資料的 NFC Tag 放到擁有 NFC 功能的手機後感應，成功後即會自動將資料顯示在畫面中。

2.  請按 **寫入** 鈕進入寫入界面，當沒有輸入任何訊息時按下 **準備寫入** 鈕會顯示提示訊息。當輸入資訊後按下 **準備寫入** 鈕即進入寫入模式，請將要寫入資料的 NFC Tag 放至手機背後掃瞄。

3.  寫入成功後會回到主畫面，並顯示成功訊息。此時再將剛寫入資料的 NFC Tag 放至手機背後重新掃瞄，即能在畫面上顯示剛寫入的資料內容。

 **空白 NFC Tag 使用前的處理**

當您購買到新的 **NFC Tag** 時，如果立即運用到 **App Inventor 2** 的專題時，有時會無法讀取及寫入，原因可能是 **NFC Tag** 電子標籤內預設格式並不是文字。請先在手機安裝一些 **NFC** 工具 **App**，如 **NFC TagReader**，先在 **NFC Tag** 中寫入文字資料，這個方式類似 **Format** 的動作，即可正常在 **App Inventor 2** 下使用。

## » 介面配置

VerticalArrangementWrite 是寫入畫面，預設是隱藏，所以設定 **顯示狀態** = 隱藏
屬性。NearField1 元件預設是讀取模式，請設定 **啟用讀取模式** = true。

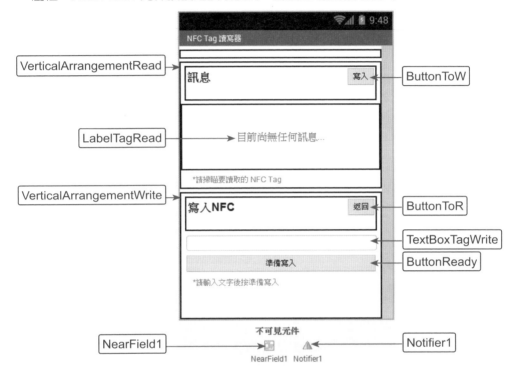

## » 程式拼塊

1. Screen1 的初始動作，設定 NearField1 的 **啟用讀取模式** = true，為讀取模式。

2. 當掃瞄接收到資料時會觸發 **讀取標籤** 事件，參數 **消息** 為讀取的資料，將它
   設定為 LabelTagRead 的文字顯示在畫面上。

3. 當按下 **寫入** 鈕時隱藏主畫面 (VerticalArrangementRead)，顯示寫入畫面 (VerticalArrangementWrite)，並在 ButtonReady 按鈕顯示「準備寫入」。

4. 當按下 ButtonReady 鈕時，如果 TextBoxTagWrite 文字框沒有輸入資料，即顯示 「請輸入寫入資訊！」訊息；如果有的話即將 NearField1 的 **啟用讀取模式** 設定 false，為寫入模式，將 TextBoxTagWrite 的資料設定為寫入的內容，並設為唯讀， 最後在 ButtonReady 按鈕顯示「請掃瞄 Tag 寫入」。

5. 當寫入資料到 NFC Tag 後會觸發 **寫入標籤** 事件，首先請設定 NearField1 的 **啟用讀取模式** = true 切回讀取模式，將 LabelTagRead 顯示「資料寫入 成功」。將 TextBoxTagWrite 的內容清空，並設為可寫入。最後顯示主畫面 (VerticalArrangementRead)，隱藏寫入畫面 (VerticalArrangementWrite)，並在 ButtonReady 按鈕顯示「準備寫入」。

6. 當按下 **返回** 鈕時，設定 NearField1 的屬性 **啟用讀取模式** = true，切回讀取模式，將 TextBoxTagWrite 的內容清空，並設為可寫入。最後顯示主畫面 (VerticalArrangementRead)，隱藏寫入畫面 (VerticalArrangementWrite)，並在 ButtonReady 按鈕顯示「準備寫入」。

## B.5 其他注意事項及未來展望

NFC 還有一種常見的運用方式，就是卡片模擬模式 (Card emulation mode)，也就是利用 NFC 來取代目前常用的 IC 卡，如信用卡、會員卡、悠遊卡、門禁管制卡、車票、門票等等，但是 NFC 裝置若要進行相關應用，則必須透過內建安全元件的 NFC 晶片。很可惜的，在 App Inventor 2 中的 **NFC** 元件並無法處理這樣的工作模式，所以就無法讀出上述這些卡片的內容。

不過 NFC 的功能實在很值得應用在專題上，例如我們能將公司或是團體中每個人員的 ID 編號儲存在 Tag 中，透過 NFC App 的掃瞄即可完成上班打卡，或是登入公司大門的動作，並將資訊儲存於雲端資料庫進行控管，都是很好的應用。又例如在校園導覽的景點上也能提供 NFC Tag 的掃瞄，使用者不用開鏡頭掃 QR Code，只要用手機輕碰一下 NFC Tag 即能將資料導入，操作上更加方便。

期待您也能應用 NFC 做出更有趣的專題，大家一起加油吧！

# 手機應用程式設計超簡單--App Inventor 2 專題特訓班

作　　　者：鄧文淵 總監製 / 文淵閣工作室 編著
企劃編輯：王建賀
文字編輯：王雅雯
設計裝幀：張寶莉
發 行 人：廖文良

發 行 所：碁峰資訊股份有限公司
地　　　址：台北市南港區三重路 66 號 7 樓之 6
電　　　話：(02)2788-2408
傳　　　真：(02)8192-4433
網　　　站：www.gotop.com.tw
書　　　號：ACL044331
版　　　次：2016 年 06 月三版
　　　　　　2019 年 04 月三版五刷
建議售價：NT$480

國家圖書館出版品預行編目資料

手機應用程式設計超簡單：App Inventor 2 專題特訓班 / 文淵閣
工作室編著 .-- 三版 .-- 臺北市：碁峰資訊, 2016.06
　　面；　公分
　ISBN 978-986-476-091-6(平裝)
　1.行動電話　2.行動資訊　3.軟體研發
448.845029　　　　　　　　　　　　　　　105010769